U0629761

少数民族贫困地区生态文明建设的关键因素和有效路径研究
——以云南为例

杨红娟　著

科 学 出 版 社

北 京

内 容 简 介

少数民族贫困地区的特殊性，决定了生态文明建设更为复杂和艰难。本书以云南为例，在分析少数民族贫困地区生态文明建设现状的基础上，对少数民族贫困地区农户经济行为、企业行为进行研究；运用推拉理论和耦合理论分析少数民族贫困地区生态文明建设中的人力双向流动，研究人口迁移与经济增长的耦合关系演进；在构建少数民族贫困地区生态效率测算体系的基础上，进行生态效率评价；研究识别少数民族贫困地区生态文明建设的关键因素；依据路径分析模型，通过生态文明建设路径仿真，探寻少数民族贫困地区生态文明建设的有效路径。

本书将理论分析与实际分析相结合，定性分析与定量分析相结合，可供从事可持续发展研究的高等院校师生和研究人员参考。

图书在版编目（CIP）数据

少数民族贫困地区生态文明建设的关键因素和有效路径研究：以云南为例/杨红娟著.—北京：科学出版社，2019.9

ISBN 978-7-03-059086-2

Ⅰ.①少… Ⅱ.①杨… Ⅲ.①少数民族-民族地区-贫困区-生态环境建设-研究-云南 Ⅳ.①X321.274

中国版本图书馆 CIP 数据核字（2018）第 235382 号

责任编辑：陶 璇 / 责任校对：贾娜娜
责任印制：张 伟 / 封面设计：无极书装

科 学 出 版 社 出版

北京东黄城根北街 16 号
邮政编码：100717
http://www.sciencep.com

北京虎彩文化传播有限公司 印刷
科学出版社发行 各地新华书店经销
*

2019 年 9 月第 一 版 开本：720×1000 1/16
2019 年 9 月第一次印刷 印张：10 1/2
字数：210 000

定价：86.00 元
（如有印装质量问题，我社负责调换）

前　　言

　　建设生态文明是中华民族永续发展的千年大计，是一场涉及生产方式、生活方式、思维方式和价值观念的革命性变革，生态文明建设被载入国家的根本大法——《中华人民共和国宪法》（简称《宪法》）。生态文明建设的根本目的是在改善和保护生态环境的同时，实现经济持续、稳定、快速增长，实现社会和谐发展，人民生活水平不断提高。少数民族贫困地区的特殊性，决定了生态文明建设的重点和难点。云南是我国少数民族种类最多的省份，也是全国脱贫攻坚主战场之一。云南拥有彝族、哈尼族、白族等 25 个人口数超过 6000 人以上的世居少数民族，其中傣族、傈僳族、拉祜族等 15 个少数民族为云南特有。云南少数民族聚居区的贫困发生率较高，本书主要选择云南 2015 年国家级贫困县中的少数民族自治县进行研究。

　　本书在综述相关理论的基础上，研究少数民族贫困地区生态文明建设中的农户经济行为和企业行为，通过结构方程模型（structural equation modeling，SEM）的定量分析，提出引导与优化农户经济行为和企业行为的有效措施。针对少数民族贫困地区生态文明建设中的人力流动，应用耦合理论，从协调性和组合发展水平两个视角分析少数民族贫困地区人口迁移与经济增长的关系特征，对耦合度进行测定。以人口流入、人口流出和人口流出流入比构建人口迁移指标，以经济增长的总量、质量和效率三个角度构建经济增长指标，结合熵权法进行权重系数计算，分析人口迁移与经济增长耦合程度的演进规律。少数民族贫困地区急于发展的同时必须关注区域生态效率的变化，在选择少数民族贫困地区生态效率评价指标的基础上，本书运用 Super-SBM（slacks based measure，条件松弛测度）模型和 Malmquist 指数，对少数民族贫困地区生态效率进行测算和动态分解，运用Tobit 模型分析影响生态效率的因素。通过构建少数民族贫困地区生态文明建设评价指标体系，运用 BP（back propagation）神经网络降低 DEMATEL（decision making trial and evaluating laboratory）模型中专家打分建立关联矩阵的主观性，结合摆幅置权（swing weighting，SW）法得出综合重要度，遴选出生态文明建设关键因素。本书运用多主体建模仿真法中的 BDI（belief-desire-intention，信念—愿望—意图）模型，分别对政府、企业、公众三个生态文明建设主体的信念、愿望、意图进行分析。利用 Netlogo 6.0.2 软件，通过设置变量的初值进行仿真模拟。依据少数民族贫困地区生态文明建设有效路径减量化、协调性、有效性的要求，调整变量参数，探寻少数民族贫困地区生态文明建设的有效路径。

本书是作者主持完成国家自然科学基金"云南少数民族贫困地区生态文明建设的关键因素和有效路径研究"（项目批准号：71463034）和"基于生态文明的少数民族农户低碳行为模式研究——以云南为例"（项目批准号：71263030）的研究成果。感谢姚石、李佳、司婷、李丹雯、张成浩等做了大量的工作。书中引用了许多学者的观点和资料，在此一并致谢！

杨红娟

2019 年 6 月

目　　录

第1章　少数民族贫困地区生态文明建设现状

1.1　生态文明建设发展的历程

生态文明是一种崭新的文明形态,它的产生和发展具有必然的历史演进轨迹,人类原始文明经过农耕文明、工业文明,最后产生了生态文明。人类首先经历了原始文明,这时就已经产生了生态问题,但是地球生物圈的自我恢复能力要比人类的破坏所造成的影响程度更强,因此,人类与自然之间能够协调发展,这段时期被称为原始"绿色文明"。后来到了农耕文明时期,生产工具和技术得到了发展,人类改造自然的能力变强,从而生态环境问题突显出来。这一时期,虽然农业过度开发导致了生态环境的恶化,但这些影响是有一定限度的。到了工业文明时期,科技的发展、物质财富的累积,使人类社会取得了前所未有的进步,人类生活发生了翻天覆地的变化。但同时,人类开始对大自然进行征服,肆意掠夺自然资源,伴随着社会文明进步而来的是日趋严重的环境危机。总体来说,工业革命带来了生产力的解放和发展并且创造了巨大的物质财富,但是也造成了环境污染和生态恶化。不可否认,21 世纪人类面临的最严峻的挑战是全球范围内生态环境的恶化。通过吸取工业化的教训,在严峻的环境挑战面前,人们不得不去寻找可持续发展的理论、路径,人类亟须在众多的思想中摸索社会发展模式的新思路,这就促使了生态文明的产生。生态文明是对农耕文明和工业文明的反思。生态文明是现代工业高度发展阶段的产物。生态文明的出现标志着人与自然的关系达到了一种全新状态,人类社会发展由此进化到一种更高级的文明形态,是人类文明质的提升和飞跃,是人类文明史上的一个里程碑。从对大自然的掠夺型、征服型和污染型的工业文明走向环境友好型、协调型、恢复型的生态文明,是革命性的变化和进步。实践告诉我们,人类的经济社会活动不能超过自然生态系统的自我恢复程度,超过了这个度就会对大自然造成毁灭性的灾难。

在国外,一般认为美国海洋生物学家 Rachel Carson 于 1962 年出版的《寂静的春天》一书开启了现代生态意识的启蒙,书中揭露和反思了工业文明带来的生态环境问题。此后,环境保护运动逐渐出现在各国的政治活动中。1969 年,美国国会通过了《国家环境政策法案》,1970 年 4 月 22 日"世界地球日"最初在美国由盖洛德·尼尔森和丹尼斯·海斯发起。1972 年,联合国在斯德哥尔摩召开了联合国人类环境会议,通过了《联合国人类环境会议宣言》(简称《人类环境宣言》)。同年,罗马俱乐部发布的《增长的极限》报告,为全球范围内解决环境保护和发展的问题提供了理论基础。1972 年和 1976 年加拿大学者威廉·莱斯发表了《自然的控制》《满足的极限》,提出必须构建"易于生存的社会"来解决生态危机。1981 年,美国经济学家莱斯特·R.布朗在《建立一个可持续发展的社会》一书中对可持续发展观第一次做了全面的论述。1987 年,世界环境与发展委员会(World Commission on Environment and Development,WCED)发布的报告《我们共同的未来》形成了人类建构生态文明的纲领性文件。1992 年,联合国环境与发展大会通过的《21 世纪议程》提出"环境友好"的理念。2002 年,联合国可持续发展世界首脑会议发表《可持续发展世界首脑会议执行计划》,对可持续发展的实施开展了具体部署,使生态意识从理论层面开始走向具体实践。2008~2009 年金融危机过后,国际社会提出了"绿色增长"和"发展绿色经济"倡议。经济合作与发展组织(Organization for Economic Co-operation and Development,OECD)在研究和经验积累的基础上提出了"绿色增长"的概念,且在 2009 年的二十国集团财长和央行行长会议(Group of Twenty Finance Ministers and Central Bank Governors,G20)第二次峰会上,全球领导人就"包容、绿色以及可持续性的经济复苏"达成了共识;联合国亚洲及太平洋经济社会委员会(United Nations Economic and Social Commission for Asia and the Pacific,ESCAP)全力推动绿色增长,做了大量的工作;联合国环境规划署(United Nations Environment Programme,UNEP)对绿色经济下了定义,并指出其具备低碳、资源节约和社会包容性的特点;联合国可持续发展大会纪念里约环境与发展会议 20 周年大会主题之一为:绿色经济在可持续发展和消除贫困方面作用。Martin Khor 在 2012 年世界环境日上做的报告中指出,除了可持续发展之外,还应明确经济的附加价值,确保绿色经济还应包括社会、公平和发展的维度。联合国成员国于 2015 年 9 月通过的《改变我们的世界:2030 年可持续发展议程》指出,自然资源枯竭及环境退化造成的生物多样性丧失、土地退化等不利影响,大大削弱了各国实现可持续发展的能力。2018 年世界环境日的主题为"塑战塑决"。国际社会对可持续发展的关注不断贯穿到人类生活中。

我国在经历了快速的经济发展后也开始面临严峻的生态环境问题,认识到在利用自然和开放自然的过程中,应逐步树立人与自然和谐共生的观念,改善和优化人与自然的紧张关系，建设和恢复有序的生态运行机制。国家的不断强大和人民的逐渐富裕，提醒人们不该只是单纯地追求经济发展和财富增加，应该追求更深层次的经济社会发展和自然环境保护的和谐统一。随着党和国家政府逐步加大对环境保护的重视和投资，生态文明建设理论也不断得到完善，十七大报告提出"建设生态文明，基本形成节约能源资源和保护生态环境的产业结构、增长方式、消费模式"[①]；十七届四中全会提出"全面推进社会主义经济建设、政治建设、文化建设、社会建设以及生态文明建设"[②]；十八大报告提出"把生态文明建设放在突出地位，融入经济建设、政治建设、文化建设、社会建设各方面和全过程，努力建设美丽中国，实现中华民族永续发展"[③]；2015 年 5 月，中共中央、国务院发布《关于加快推进生态文明建设的意见》，这是继党的十八大和十八届三中、四中全会对生态文明建设作出顶层设计后,中央对生态文明建设的一次全面部署[④]；十九大报告指出"建设生态文明是中华民族永续发展的千年大计"[⑤]；2018 年，十三届全国人大一次会议表决通过《中华人民共和国宪法修正案（2018）》（简称《宪法修正案》），第三十二条中写道："推动物质文明、政治文明、精神文明、社会文明、生态文明协调发展，把我国建设成为富强民主文明和谐美丽的社会主义现代化强国，实现中华民族伟大复兴。"

1.2　生态文明建设层次理论

生态文明建设的提出标志着我国的战略部署上升到了一个新的层次。生态文明，是指人类遵循人、自然、社会和谐发展这一客观规律而取得的物质与精神成果的总和，是以人与自然、人与人、人与社会和谐共生、良性循环、全面发展、持续繁荣为基本宗旨的人类文明形态。生态文明作为一种独立的文明形态，是一个具有丰富内涵的理论体系，可以分为三个层次。

（1）意识文明。意识文明是建设生态文明的必要前提。意识是指个人运用感觉、知觉、思维、记忆等心理活动，对自己内在的身心状态和环境中外在的人及事物的变化进行感知，判断并由此做出行动决策的心理过程。意识是人的本能，是人思想的先导，行为的引领，反映个人的文化修养、科学修养、政治

---

① 《十七大报告辅导读本》编写组. 十七大报告辅导读本[M]. 北京：人民出版社，2007

② 人民出版社编辑部. 学习贯彻党的十七届四中全会精神[M]. 北京：人民出版社，2009

③ 胡锦涛. 坚定不移沿着中国特色社会主义道路前进 为全面建成小康社会而奋斗——在中国共产党第十八次全国代表大会上的报告[M]. 北京：人民出版社，2012

④ 中共中央国务院. 中共中央国务院关于加快推进生态文明建设的意见[M]. 北京:人民出版社，2015

⑤ 习近平. 决胜全面建成小康社会 夺取新时代中国特色社会主义伟大胜利——在中国共产党第十九次全国代表大会上的报告[M]. 北京：人民出版社，2017

修养、道德修养、审美修养、精神境界、作风习惯等领域在社会中的表现。意识文明的形成，会约束和指导行为文明，环境教育对培养和提高人们的意识文明发挥着重要作用。通过宣传保护环境与生态文明建设，建立常态的宣传机制，让生态文明深入人心，改变人们的意识，从而改变人们的世界观、方法论与价值观问题，把人们的价值观念与思维方式引领到生态文明建设中来，形成以生态文化意识为主导的社会潮流，树立以文明、健康、科学、和谐生活方式为主导的社会风气，从而指导人们的行动，使之形成新的文明观——生态文明观。

（2）制度文明。制度文明是建设生态文明的必要保证。没有规矩，不成方圆。制度是依照法律、法令、政策而制定的具有法规性或指导性与约束力的应用文，是各种行政法规、章程、制度、公约的总称，通过激励和惩罚的外在手段来制约人的行为。制度文明是制度建设的结果，又通过制度建设及其过程体现。在建设生态文明过程中，制度是要维护人与自然、人与人和人与社会的关系的，通过规范和约束人们的行为，为生态文明建设保驾护航。

（3）行为文明。行为文明是建设生态文明的重要结果。意识决定行为，在意识文明形成后，会促进每个人行为文明的产生，并在制度规范下，构建全社会的行为文明、企业清洁生产、人们健康消费，推动人类自身的健康发展与自然资源的永续利用。同时，生态文明作为一种处理人与自然关系的新型文明，通过政府、企业、公众等的行为，运用包括政治、经济、科技等多方面手段，采取切实有效的方法，解决人类可持续发展过程中面临的各类问题。行为文明的重要表现是产业文明，产业文明是实现生态文明的重要保证。物质生产是人类发展的要求，进行物质生活资料的生产，是任何社会、任何文明生存与发展的基础。生态文明的物质生产就是进行生态产业的建设。生态产业可分为生态农业，以生物为对象，它的生产过程与自然界有不可分割的联系；生态工业，以非生物为对象；生态服务业，是一个特殊的为提高人的生活质量而服务的经济部门，它与自然界有直接联系；环保产业，是生态经济的一个特殊区域，是指以实现环境可持续发展为目的所进行的各种生产经营活动。

意识文明、制度文明和行为文明三个层次相辅相成，最终构成了生态文明体系，生态文明建设就是构建全社会的生态文明意识、生态文明制度和生态文明行为。

1.3　云南少数民族贫困地区概况

云南省位于我国西南边境，是我国民族种类最多的省份，2016 年末，全省常住总人口为 4770.5 万人，少数民族人口数达 1592.96 万人，占全省人口总数的33.4%，除了汉族以外，人口在 6000 人以上的世居少数民族有彝族、哈尼族、白族、傣族、壮族、苗族、回族、傈僳族等 25 个。其中（按人口数多少为序），哈尼族、白族、傣族、傈僳族、拉祜族、佤族、纳西族、景颇族、布朗族、普米族、阿昌族、怒族、基诺族、德昂族、独龙族共 15 个民族为云南特有，人口数均占全国该民族总人口的 80%以上。民族自治地方的土地面积为 27.67 万平方千米，占全省总面积的 70.2%。云南少数民族交错分布，表现为大杂居与小聚居①。云南拥有着良好的生态环境和自然禀赋，地形以山地和高原为主，山高谷深，山地垂直带谱发育，带来了丰富的水资源、动植物资源。省内河川纵横，多数河流落差大、水流量变化大，水资源总量居全国第三位。得益于太平洋和印度洋飘来的暖湿气流，温暖湿润的气候成就了云南"动植物王国"的美称，脊椎动物占全国的 52.1%，并且云南拥有众多珍稀保护动物，甚至独有亚洲象、绿孔雀、赤颈鹤等 23 种国家重点保护野生动物。云南植物的种类居全国首位涵盖了从热带到寒温带、古老的到外来的，2017 年森林覆盖率达 59.3%，优良、珍贵的树种多，国家重点保护的野生植物大约占全国的 41.6%。然而，云南也是典型的生态环境脆弱和敏感地区，特殊的降水侵蚀力、植被盖度等因素造成了土壤侵蚀、石质荒漠化等严重问题。加上特殊的地质构造及复杂的气候环境，导致植被恢复和演替的过程异常缓慢，一旦遭到破坏，就很难恢复如初。

云南集边疆、民族、贫困、山区"四位一体"，是全国脱贫攻坚的主战场之一。云南省 2015 年共有 73 个国家级贫困县，占全国 12.3%，2017 年，全省农村贫困人口为 279 万人。课题研究的少数民族贫困地区是指 2015 年云南省国家级贫困县中的少数民族自治县。根据地理区域、经济发展状况、民族特点、数据可得性，本书选择八个少数民族自治县进行深入调研，它们分别为禄劝彝族苗族自治县（简称禄劝县）、寻甸回族彝族自治县（简称寻甸县）、西盟佤族自治县（简称西盟县）、双江拉祜族佤族布朗族傣族自治县（简称双江县）、漾濞彝族自治县（简称漾濞县）、兰坪白族普米族自治县（简称兰坪县）、维西傈僳族自治县（简称维西县）、孟连傣族拉祜族佤族自治县（简称孟连县）。具体概况如表 1.1、表 1.2 和图 1.1 所示。

表 1.1　少数民族贫困地区概况

县名	地理位置	人口民族	经济结构
禄劝县	昆明市，云南省中北部	总人口为 48.7 万人。其中，农业人口 41.7 万人，占总人口的 85.6%；少数民族人口 15.8 万人，占总人口的 32.4%	一、二、三产业增加值的比例为 27.2∶27.9∶44.9

① 资料来源：云南省统计局. 2017. 云南统计年鉴 2017[M]. 北京：中国统计出版社

续表

县名	地理位置	人口民族	经济结构
寻甸县	昆明市，云南省东北部	总人口 56.3 万人。其中，农业人口 47.4 万人，占总人口的 84.2%；少数民族人口 13.3 万人，占总人口的比重为 23.6%	一、二、三产业增加值的比例为 27.2∶30.4∶42.4
西盟县	普洱市，云南省西南部	总人口 9.5 万人。其中，农业人口 7.5 万人，占总人口的 78.9%；少数民族人口为 9.0 万人，占总人口的 94.2%。其中，佤族人口为 6.8 万人，占总人口的 71.4%	一、二、三产业增加值的比例为 23.0∶21.6∶55.4
双江县	临沧市，云南省西南部	总人口 17.5 万人。其中，农业人口 15.3 万人，占总人口的 87.4%；少数民族人口 8.0 万人，占总人口的 45.9%	一、二、三产业增加值的比例为 27.3∶34.3∶38.4
漾濞县	大理白族自治州，云南省西部	总人口为 10.6 万人。其中，农业人口 7.2 万人，占总人口的 67.9%；少数民族人口 7.2 万人，占总人口的 67.9%；彝族占总人口的 48.1%	一、二、三产业增加值的比例为 28.0∶36.5∶35.5
兰坪县	怒江傈僳族自治州，云南省西北部	总人口 21.5 万人。其中，农业人口 17.2 万人，占总人口的 80.0%；少数民族人口 20.4 万人，占总人口的 94.9%。是中国唯一的白族普米族自治县	一、二、三产业增加值的比例为 14.6∶39.0∶46.4
维西县	迪庆藏族自治州，云南省西北部	总人口为 15.5 万人。其中，农业人口 13.3 万人，占总人口的 85.8%；少数民族人口占总人口的 87.4%，傈僳族人口占总人口的 57.4%	一、二、三产业增加值的比例为 13.1∶33.7∶53.2
孟连县	普洱市，云南省西南部	总人口为 12.8 万人。其中，农业人口 10.0 万人，占总人口的 78.1%；少数民族人口 11.0 万人，占总人口的 85.9%	一、二、三产业增加值的比例为 38.1∶20.7∶41.2

资料来源：云南年鉴社. 2017. 云南年鉴 2017[M]. 昆明：云南年鉴社；《2016 年孟连县国民经济和社会发展统计公报》《2016 年漾濞县国民经济和社会发展统计公报》

表 1.2　2010～2017 年云南八个少数民族贫困县人均 GDP[①]　　单位：元/人

县名	2010 年	2011 年	2012 年	2013 年	2014 年	2015 年	2016 年	2017 年
禄劝县	7 727	9 715	12 409	15 273	16 831	18 316	19 870	22 021
寻甸县	7 922	9 942	12 341	13 999	15 542	16 273	17 534	19 077
西盟县	5 025	5 795	7 024	8 515	10 588	11 535	12 923	14 259
双江县	8 002	10 306	13 677	16 714	18 022	19 427	20 972	23 037
漾濞县	10 450	12 447	14 495	16 246	16 709	18 014	19 628	21 332
兰坪县	11 044	12 597	14 296	16 146	19 292	21 480	23 861	27 246
维西县	11 615	13 821	16 389	19 073	20 672	22 709	25 570	28 550

---

① GDP（gross domestic product，国内生产总值）

县名	2010 年	2011 年	2012 年	2013 年	2014 年	2015 年	2016 年	2017 年
孟连县	7 844	9 512	11 707	13 969	15 272	16 923	18 632	20 393
全国人均 GDP	30 876	36 403	40 007	43 852	47 203	50 251	53 935	59 660

资料来源：云南省统计局. 2012.云南统计年鉴 2012[M]. 北京：中国统计出版社；云南省统计局. 2014. 云南统计年鉴 2014[M]. 北京：中国统计出版社；云南省统计局. 2016. 云南统计年鉴 2016[M]. 北京：中国统计出版社；云南省统计局. 2018. 云南统计年鉴 2018[M]. 北京：中国统计出版社；中华人民共和国国家统计局. 2018. 中国统计摘要 2018[M]. 北京：中国统计出版社

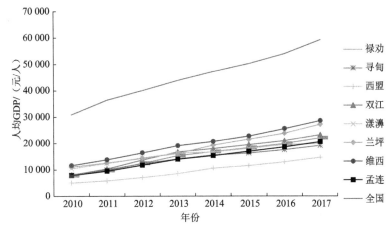

图 1.1　贫困县人均 GDP 与全国人均 GDP 比较（2010～2017 年）

从表 1.1 可以看出，少数民族贫困地区农业人口占比很高，至少占本县域总人口的一半及以上。从产业结构看，除了漾濞县的第二产业增加值的比例超过了第三产业，其余的七个县的第三产业增加值的比例均最高。然而，与全国的产业结构相比，少数民族贫困地区的第一产业增加值的比例偏高。尤其是孟连县的第一产业增加值占地区生产总值的比例高达 38.1%，与第三产业增加值的比例相近。与此相比，当年全国的第一产业增加值占 GDP 的比例仅为 8.6%，远远低于第二产业和第三产业增加值的比例。从中可以看出，少数民族贫困地区的经济发展比较依赖于第一产业，产业结构的层次偏低，有待优化升级。

由表 1.2 和图 1.1 可以看出，以经济相对最好的维西县为例，在 2010 年人均 GDP 仅 11 615 元，比全国人均 GDP 值 30 876 元低 19 261 元，仅占全国人均 GDP 的 37.6%。2017 年，维西县人均 GDP 为 28 550 元，而全国人均 GDP 值已经达到 59 660 元，相差 31 110 元，这一差距相比 2010 年更大，差距扩大了 11 849 元。这只是八个县中经济最好的状况，其余地区差距则更明显。这说明少数民族贫困地区经济不仅远远落后于全国，而且这一差距不断拉大，落后趋势不断突显。从少数民族贫困地区概况可以看出该地区农业人口占比很大，在全国各地经济一路高歌猛进之时,少数民族贫困地区经济发展速度明显不足,贫困情况尤为突出。

1.4 生态文明建设取得的成效及存在的问题

1.4.1 取得的成效

在国家生态文明建设战略指引下,云南正在加快生态文明建设排头兵的步伐。2017 年,主体功能区、低碳试点省和普洱市国家绿色经济试验示范区建设扎实推进。全面完成永久基本农田划定工作,开展耕地轮作休耕试点,土地矿产资源节约集约利用水平不断提升。"森林云南"建设深入推进,森林覆盖率提高到59.7%,全省 90%以上的典型生态系统和 85%以上的重要物种得到有效保护。昆明、普洱、临沧获得"国家森林城市"称号。实行最严格的环境保护制度,大气、水、土壤污染防治行动计划深入实施,单位 GDP 能耗累计下降 24%,圆满完成国家下达目标任务。九大高原湖泊水质稳定趋好,六大水系主要出境、跨界河流断面水质达标率 100%。全面推进地质灾害综合防治体系建设。着力开展城乡环境综合整治,人居环境持续改善[1]。2017 年,少数民族贫困地区的生态文明建设也取得了一定的成效。

(1)生态环境质量不断改善。贯彻落实生态文明建设各项要求,守住林地、生态、耕地三条"红线",加大力度治理水、大气、噪声等污染现象,各县域生态建设持续推进。寻甸县实施森林抚育 45 000 亩[2]、石漠化治理封山育林 27 840 亩、人工造林 6858 亩、退耕还湿 535 亩[3]。孟连县扎实开展"森林孟连"建设工作,完成造林 7.9 万亩,完成南垒河绿色长廊生态保护造林 2.25 万亩,完成各种造林 2.37 万亩,森林面积从 11.5 万公顷增加到 12.05 万公顷,全县森林覆盖率达63.74%[4]。维西县规划耕地保护面积近 35 万亩,划定永久基本农田面积近 30 万亩,永久基本农田占耕地总面积的 85.5%[5]。西盟县系统完成县、乡、村三级河长体系构建,为全面推行河长制奠定体制基础;严格管控土地资源,完成土地利用总体规划调整完善和永久性基本农田划定工作,有效整合闲置土地资源,全面落实最严格土地管理和耕地占补平衡制度,地质矿产资源管理规范、有序。双江

---

① 资料来源:《云南省政府工作报告 2018》
② 1 亩≈666.67 平方米
③ 资料来源:《寻甸县政府工作报告 2018》
④ 资料来源:章永江. 2017. 孟连立足优势抓生态扶贫[EB/OL]. 普洱新闻网. http://www.perb.cn/paper/html/2017-11/08/content_63594.htm[2018-09-12]
⑤ 资料来源:杨洪程. 2018. 生态维西入画来——维西县推进生态文明建设纪实[EB/OL]. 云南网. http://diqing.yunnan.cn/html/2018-06/12/content_5250237.htm[2018-09-12]

县节能减排扎实有效，主要污染物排放量被控制在指标内，辖区空气环境质量、地表水水质、城镇区域环境噪声等均达到国家规定的功能区相应标准。

（2）绿色创建成效显著。绿色成果不断凸显，双江古茶山国家森林公园生态文明教育基地建设通过省级验收，冰岛村荣获"国家级生态文化村"称号，沙河乡成功创建为省级"生态文明乡"；累计创建市级生态村 60 个、省级"绿色学校" 7 所、市级"绿色学校" 12 所、市级"绿色社区" 1 个。漾濞县的顺濞等 5 个乡镇创建为省级生态乡镇，省级生态乡镇实现全覆盖[①]。寻甸县挂牌成立"清水海水源保护区管理局""中共云南寻甸黑颈鹤省级自然保护区管护局"，成功入选"中国候鸟旅居小城"；积极开展绿色创建，先锋镇白子村寄宿制完小创成绿色学校、仁德街道建设社区创成绿色社区。西盟县创建省级生态文明乡（镇）4 个，中课镇窝笼村六组被命名为第五届全国文明村镇[②]。兰坪县啦井镇被命名为第十批云南省生态文明乡镇[③]。禄劝县成功创建云南省生态文明县，打造县级示范村 1 个，建成美丽乡村省级重点村 4 个[④]。孟连县巩固提升"森林城市"创建成果，累计创建 1 个省级生态文明乡（镇）、28 个市级生态文明村（社区），被评为全省重点生态功能区（县）进位最快县[⑤]。维西全县 10 个乡镇创建省级生态文明乡镇，全县 74 个行政村获得州级生态村命名[⑥]。

（3）环保督查问题整改措施有力。建立环境监管网格化管理体制，加大环境违法案件查办力度，中央环保督察整改事项全面落实。其中，寻甸县关停化工项目 3 个，国家环保部督办的清水海农业面源污染问题完成整改销号，清水海水源保护区海头村环保工程建设快速推进。双江县完成中央、省环保督察工作反馈问题整改 11 个，办结转办件 2 件；认真落实 5 个方面 12 类 222 个国家土地例行督察发现问题整改工作，完成问题整改 181 个、面积整改 4643.46 亩、资金整改 4.4 亿元，营造了依法依规用地的良好氛围。漾濞县严格整改中央和省、州环保督察发现环保问题 6 项；削减化学需氧量 80.6 吨、氨氮 9.3 吨，万元 GDP 能耗下降 2.5%。兰坪县扎实推进环保督查事项整改等重点工作取得成效；建立非煤矿山矿业权联勘联审制度，全面清理整改"三江并流"世界自然遗产地等重点生态

---

①　资料来源：《双江县政府工作报告 2018》《漾濞县政府工作报告 2018》

②　资料来源：《寻甸县政府工作报告 2018》《西盟县政府工作报告 2018》

③　资料来源：怒江州环保局. 2017. 怒江州 7 个乡镇被命名为第十批云南省生态文明乡镇[EB/OL]. 云南省生态环境厅. http://sthjt.yn.gov.cn/zwxx/xxyw/xxywzsdt/201703/t20170316_165973.html[2018-09-12]

④　资料来源：《禄劝县政府工作报告 2018》

⑤资料来源：章永江. 2017. 孟连立足优势抓生态扶贫[EB/OL]. 普洱新闻网. http://www.perb.cn/paper/html/2017-11/08/content_63594.htm[2018-09-12]

⑥资料来源：杨洪程. 2018. 生态维西入画来——维西县推进生态文明建设纪实[EB/OL]. 云南网. http://diqing.yunnan.cn/html/2018-06/12/content_5250237.htm[2018-09-12]

功能区环保问题。[①]

1.4.2　存在的问题

尽管取得一定的成绩，但少数民族贫困地区缺乏促进经济发展的地缘优势，自然资源丰富却脆弱，呈现出生态文明建设基础薄弱的问题，具体体现在以下三方面。

（1）生态环境保护意识不够强。云南少数民族贫困地区由于经济欠发达，教育水平相对落后，人民群众素质不高，生态观念、生态保护意识还比较淡薄，不文明的生产、生活方式给该地区生态文明建设造成了一定的障碍。薄弱的生态环境保护意识是人们破坏生态环境的精神根源，人的全面发展能力不足也造成了生态文明建设成效不高，正确的生态观念是提升生态文明建设层次的前提。

（2）生态建设与经济社会发展的矛盾比较突出。云南少数民族贫困地区是国家级贫困县，经济总量小，产业结构不合理，经济缺乏支柱产业支撑，投资拉动经济增长乏力。云南少数民族贫困地区虽拥有以民族文化为支撑的旅游资源，但土地、畜牧、生物等自然资源丰而不富的问题比较突出。基础设施相对落后，使这些地区缺乏具有强劲发展潜力的资源支撑。落后的经济水平使少数民族贫困地区用于生态保护和生态建设的资金较为有限，这造成水土流失、石漠化治理等工作还未完成规划治理的目标，生态形势难以真正改观。

（3）生态环境保护存在制度性缺失。建立和完善环境保护制度是实现生态文明建设宏伟目标的重要保障和基础，是缓解资源环境约束与经济社会发展之间的矛盾、推动地区经济绿色转型的内在要求。然而，目前少数民族贫困地区对国家制定的生态产业开发、环境保护的法律政策贯彻落实力度不够，甚至符合本地区实际情况的制度还不健全。没有生态保护制度具体的目标、体系、执行与考核作保障，生态文明建设工作的开展很难达到生态文明建设科学性、有效性和可达性的要求。

1.4.3　主要原因及启示

（1）生态文化建设宣传不足。传统少数民族文化中蕴含着朴素的生态伦理思想，体现出人类亲近自然、崇敬自然的生态观，不仅反映了事物发展的客观规律，而且能够使人与自然和谐相处，诠释了生态文明建设的基本要求。因此，我们要通过吸收少数民族传统生态观念中的精华来构建民族生态文化体系，让民族文化与生态文明建设相辅相成、相互促进。通过对文化的传承和创新，在公众间

[①] 资料来源：《寻甸县政府工作报告 2018》《双江县政府工作报告 2018》《漾濞县政府工作报告 2018》《兰坪县政府工作报告 2018》

树立正确的思想观念、价值取向，为生态文明建设提供重要支撑点。不断推动生态文化宣传的到位、生态文化教育的补位，有效增强价值共识、凝聚观念认同、促进公众生态行为，为生态文明建设提供坚实的思想基础。

（2）生态产业尚未形成强势。云南少数民族贫困地区得益于独特的气候资源、生物资源和农业资源，加上各族群众习惯于原生性农作物种植和畜禽饲养，为创建富有特色的高附加值的生态产品提供了得天独厚的优势。近年来政府积极培育的具有地方特色的生态产业，促进了经济发展方式的转变。但目前生态产业呈现散、杂、小、低等症状，做不大、做不强，未体现其应有的市场价值。此外，少数民族贫困地区拥有的独特的自然景观具有强大的市场吸引力，但基础设施建设不足、技术与管理水平不高等方面，导致旅游业向高层次发展受限。需要强力整合与重新定位市场，一旦生态产业发展壮大，就能形成可观的经济效益，进而有实力支撑与确保应有的生态效益和社会效益，有效地缓解经济发展和环境保护之间的矛盾，实现"绿水青山就是金山银山"。

（3）生态文明建设规划滞后。生态文明建设规划是为贯彻党中央精神、落实国家对生态文明建设提出的一系列顶层设计和制度安排，完成国家、省、州、市下达的任务的举措，也是基于国情、省情、州情、市情、县情做出的重要部署。少数民族贫困地区生态文明建设规划不能紧跟上生态文明建设的步伐，未能起到规划应有的指导作用。因此，应鼓励少数民族贫困地区对生态文明建设进行全面布局，统筹规划、提前规划、超前规划，在经济、技术、政治、法律、道德等各个层次上共同推进，保证规划的最终落地，从根本上解决生态文明建设存在的问题，推进生态文明建设。

第 2 章　生态文明建设文献综述

2.1　生态文明建设理论研究

2.1.1　生态文明的概念

研究生态文明，首先应明确生态文明的概念。国外学者使用生态文明一词较少，综合来看，目前对于生态文明概念的探讨，主要从以下视角展开。

（1）人类文明发展阶段的视角。美国学者 Morrison（1995）首次在英语语境中使用生态文明，他认为传统工业文明的发展模式和现实制度带来了种种负面结果，人类需选择一种新的文明——生态文明。王治河（2007）指出生态文明超越了现代工业文明，属于人类文明的一种新形态。徐春（2010）将生态文明看作是人类文明史螺旋上升发展过程中的一个阶段，是对农业文明、工业文明的继承和超越。余谋昌（2010）指出生态文明时代是人类文明继远古前文明时代、农业文明、工业文明后的第四个阶段。牛文元（2013）认为生态文明是人类文明史的最新阶段，以理性、绿色、平衡、和谐为标志。

（2）社会文明的构成的视角。潘岳（2007）、陶良虎等（2014）认为生态文明指的是人们遵循自然、社会、人和谐发展这一客观规律而得到的精神和物质成果的总和。周生贤（2009）指出生态文明是人们不仅利用自然，而且主动去保护自然、优化人与自然间的关系进而取得的制度成果、精神成果及物质成果的总和。谷树忠等（2013）认为生态文明是其他文明的基础和前提，是物质文明、政治文明、精神文明、社会文明的载体。彭少麟（2016）指出生态文明可渗透到物质文明、政治文明和精神文明中。

（3）人与自然关系的视角。叶谦吉（1987）呼吁发展生态文明，人类既要从自然中获利，又要还利给自然，在改造自然又保护自然的过程中，人与自然间维系着和谐统一的关系。俞可平（2005）将生态文明定义为在改造自然进而造福自身的过程中，人类为达到人与自然和谐做出的所有努力和得到的全部结果，它是人与自然相互关系的进步状态的体现。杨志华和严耕（2012a）认为生态文明，即人与人、人与自然和谐的文明。Magdoff（2012）提出生态文明不但是经济和自然可持续发展的文明，还是人与自然和谐发展的文明。

（4）广义和狭义的视角。甘泉（2000）定义狭义的生态文明要求达到人类与自然和谐发展，仅限于经济方面；而广义的生态文明还要求达到人与人的和谐，涵盖了社会的各个方面。巩固和孔曙光（2014）认为狭义的生态文明是未来真正达到人与自然和谐的理想社会状态；广义的生态文明是所有符合（狭义）生态文明提出的积极的文明成果，包含未实现理想目标前的局部成果。黄勤等（2015）指出从人类社会发展维度（即广义）来看，生态文明是在对工业文明进行批判性继承的基础上发展起来的"后工业文明"；从现实社会系统维度（即狭义）来看，生态文明属于人类社会形态中某一领域的文明，是人们为达到人与自然和谐付出的所有努力及得到的全部成果。

综述各种视角和观点，本书认为：生态文明是指人类遵循人、自然、社会和谐发展这一客观规律而取得的物质与精神成果的总和，是以人与自然、人与人、人与社会和谐共生、良性循环、全面发展、持续繁荣为基本宗旨的人类文明形态。

2.1.2　生态文明的内涵

生态文明作为一种独立的文明形态，有着十分丰富的内涵，当前学者关于生态文明内涵的研究见仁见智。

姬振海（2007）从历史唯物主义的视角将生态文明划分为意识文明、行为文明、制度文明、产业文明四个层次。陈寿朋（2008）认为生态文明的内涵包括生态意识文明、生态制度文明及生态行为文明这三个方面。束洪福（2008）指出生态文明的内涵除了涵盖一般意义上的绿色生态文明外，还有文化、政治及道德伦理的生态文明等。沈满洪（2010）定义的生态文明内涵由七个基本要素构成：生态资源、生态文化、生态环境、生态消费、生态产业、生态科技及生态制度。王会等（2012）把生态环境与生态型物质文明、生态型精神文明、生态型政治文明相结合作为生态文明的基本内涵。田文富（2014）从生态意识文明、生态行为文明及生态制度文明三个维度理解生态文明。刘战豫和孙夏令（2018）选择制度文明、行为文明、产业文明及意识文明四个视角阐述生态文明。

本书按意识文明、制度文明和行为文明三个层次进行研究。

2.2　少数民族地区生态文明建设研究

目前，国内专家学者对少数民族贫困地区生态文明建设的研究，主要集中在以下几个方面。

（1）生态文明建设现状、存在问题、对策的研究。田映昌等（2009）深入剖析了楚雄彝族自治州农村环境保护工作后，从技术、政策及实践层面提出了加强生态环境保护的建议。徐梅等（2011）从森林资源、湖泊、水土流失、经济作物四个方面描述了云南少数民族聚居区生态环境的现状与变迁，并对变迁的成因做了分析，进而提出加强环境保护、借力民族生态文化、建立生态补偿机制的措施。杨桂芳等（2012）以滇西北世界遗产地为研究对象阐述了生态文明建设的重要性，指出生态文明建设存在规划滞后、意识不强、产业尚未形成强势、文化建设仍需加强的问题，并从制订规划、实施全民生态教育、发展生态产业、传承和创新生态文化等角度提出优化的途径。和沁（2013）以三江并流核心区的玉龙为样本，跟踪该区域的生态文明建设并思考存在的问题，从而指出生态文明建设的创新之路。

（2）生态文明建设与其他领域的耦合关系研究。一是生态文明建设与经济社会发展间的关系。李永祥（2008）通过对云南哀牢山区的田野调查，指出贫困导致了环境恶化，环境恶化更加剧了贫困，两者之间形成一个循环圈。田东林等（2013）力图解决如何科学、合理地开发和利用三江并流地区丰富的生态资源，促进当地经济社会发展的问题。张明军（2017）认为云南少数民族地区是地理上生态脆弱和经济贫困高度重合的地区，并针对如何实现经济发展与生态建设从不良耦合向良性耦合转变进行了探讨。二是生态文明建设与旅游开发间的关系。蒋小华和卢永忠（2011）研究发现云南少数民族贫困地区生态文明建设为旅游业的发展创造条件，而旅游业的发展为生态文明建设提供经济支持，并且他们提出了两者联动开发的必要性和对策。胡冀珍（2012）在云南省沧源佤族自治县翁丁佤族村开展了研究，其认为通过调查评价、科学规划旅游资源建立具有特色的竹文化景观，可处理好生态环境保护与旅游业发展之间的关系，实现生态旅游可持续发展。

（3）少数民族地区的生态文化对当代生态文明建设的借鉴价值。姚霖（2014）呼吁在生态文明建设中，通过吸收少数民族生态文化中人与生态环境和谐相处的生存智慧，可衔接生态环境保护文本法与实践法的断裂。张跃（2014）在介绍三种代表性的云南农村少数民族环境伦理的基础上，分析了其促进生态环境基础的保护、推进该地区生态文明建设进程等方面对生态文明建设的影响。李玟兵（2016）在论述了云南少数民族民间文学中的神性、物性、人性自然观后，挖掘了少数民族传统文化资源，促进了现代生态文化的建设和理论构建。龙丽波和吴若飞（2017）探讨了少数民族生态文化的习俗性、地域性、动态性等特征，以及经济、社会、生态价值等开发利用价值后，建议在少数民族地区可持续发展过程中将生态文化作为切入点。

（4）生态文明建设主体的研究。一是政府方面，解道赟（2012）总结了怒江傈僳族自治州政府在生态文明建设中开创"怒江开发与保护立体建设""以林保水、以水发电、以电护林"的循环经济模式等行为，同时提出政府在生态文明建设中存在的问题及需要制定的解决对策。二是农户方面，杨红娟等（2014）测算和评估了云南少数民族农户家庭的碳排放，进而分析了影响少数民族农户碳排放的因素，这有助于少数民族农村地区生态文明建设；李飏等（2014）运用 SEM 定量分析了洱源农户经济行为与生态文明建设之间的关系，生态制度建设、生态产业、生态行为和生态意识会影响农户产生合理的经济行为；邱昊（2015）认为在媒介社会中，少数民族村寨应努力形成媒介、社会、人和自然的动态平衡，大众传播媒体的影响力不应被忽视。

（5）生态文明建设体系构建的研究。张跃等（2013）以红河哈尼族彝族自治州为例，探讨构建由生态文化体系、现代产业体系、可持续发展体系、生态伦理思维体系和科学管理体系组成的生态文明建设体系。杨红娟等（2015）构建了生态文明经济子系统、生态文明保障子系统、生态文明承载力子系统、生态文明环境子系统、生态文明发展子系统五个方面共 30 个指标的少数民族地区生态文明建设评价指标体系。

（6）其他视角研究生态文明建设。刘小勤和尹记远（2012）分析了云南少数民族地区生态安全格局，进而提出了建设生态文明的政策措施。赵虹（2014）通过问卷调查的数据分析，找出少数民族地区生态文明意识存在的问题，并探讨了对策。

本书生态文明建设体系从生态意识文明、生态制度文明和生态行为文明三个维度进行构建。

2.3　生态文明建设的关键因素研究

学者当前的研究认为，生态文明建设的关键因素主要包括经济发展、制度建设、技术创新等几个方面。杨志华和严耕（2012b）运用皮尔逊积差相关和双尾检验法，通过对中国省域生态文明建设评价指标体系的各二级指标和生态文明指数的拟合度分析，指出生态文明建设的关键是协调发展。刘文芝等（2016）用 Logit 模型回归分析后，找出对企业生态文明建设意愿影响显著的内部动因是企业性质和行业特征，外部动因是政府政策和生态文明建设技术。刘芳和苗旺（2016）分析了水生态文明建设体系的主成分后，找出了五个关键要素：水利用因子、水生态环境因子、水管理因子、水安全因子和水文化因子。卢风（2017）从哲学的角度推演出绿色技术创新和生态文明制度建设是生态文明建设的关键。张新伟等（2017）对生态文明评价体系进行了模糊聚类分析，认为东部发达地区促进生态文明建设的关键是发展经济和加强生态环境保护；西部煤炭资源丰富地区促进生态文明建设的关键是减少经济发展对煤炭资源的依赖；欠发达的能源资源匮乏地区促进生态文明建设的关键是发展经济。郑华伟等（2017）采用因子分析法指出农村生态环境、农村生态经济等是农村生态文明建设水平等级提升的关键制约因素。李昌新等（2017）采用灰色关联模型诊断出农村居民恩格尔系数、节能环保公共财政支出、对生活污水进行处理的行政村数量比例、单位耕地农药负荷、每万人口卫生机构床位数是农村生态文明建设水平提升的关键制约因素。杜熙（2018）分析认为农民自身的整体素质成为影响农村绿色发展与生态文明建设的关键因素。

2.4 生态文明建设路径研究

有关生态文明建设路径的研究，基本可以从经济、政治、文化、社会四个层面概括出学术界现有的结论。胡洪彬（2009）从加强生态价值观教育、加强生态制度文明建设、实现生态文明建设的合作治理等方面选择生态文明建设路径。赵兵（2010）从生态理念、发展循环经济、培育生态产业和制度安排四个方面提出推进生态文明建设的现实路径选择。包庆德（2011）认为消费模式转型是生态文明建设的重要路径。杨卫军（2013）提出迈向美丽中国的社会主义生态文明建设的实现路径有：树立关爱自然、保护自然、建设自然的生态文明意识；完善生态文明的政策体系和法规建设；大力推进绿色发展、循环发展、低碳发展；加强生态科技创新；树立生态化的消费方式；优化国土空间开发格局；加强国际生态交流与合作；大力弘扬生态文化；建立新的经济社会发展评价体系和干部考核体系等。何爱平和石莹（2014）在理论分析的基础上从协调经济与生态利益、实现主体行为转变、完善生态制度保障及明确激励方向等四个方面提出城市雾霾天气治理的生态文明建设路径。严法善和刘会齐（2014）认为，基于环境利益建设生态文明，可按照这三条路径展开：优化国土空间开发格局的路径、基于全面资源节约的生态文明建设路径、自然生态系统和环境保护路径。施生旭和郑逸芳（2014）指出从低碳建设、循环建设、和谐建设、文化建设与责任建设等五个角度构建生态文明建设发展路径。张云飞（2015）表明生态理性的理念树立是生态文明建设的路径选择。秦天宝和段帷帷（2016）从多元共治的视角指出，湾区城市生态文明建设的构建路径包括：确立环境治理多元共治体系的体制、健全环境治理多元共治体系的运行机制和完善环境治理多元共治体系的保障机制。李政大（2016）探索出粗放型和质量型是生态文明建设的两条基本路径。李文庆（2017）得出结论：宁夏生态文明建设的路径要优化国土空间布局、推进城市生态化建设、加强工业领域生态环境建设、大力推进"美丽乡村"建设、加强环境保护综合整治。

2.5　文献述评

学者目前对生态文明建设的理论、影响因素、路径等问题进行了广泛而深入的研究，积累的丰富理论成果推动了生态文明建设理论研究的发展，同时存在着不足之处。可以从以下几个方面总结。

（1）生态文明建设理论方面。现有研究从人类文明发展阶段、社会文明的构成、人与自然关系、广义和狭义等视角对生态文明建设的概念与内涵开展了丰富多样的研究，但大多数理论研究的对象都是国家层面、省域层面的生态文明建设，缺乏对区域生态文明建设的关注，而不同地区的生态文明建设的目标、进程并不一样。尤其对于少数民族贫困地区来说，自然禀赋高但生态环境脆弱，同时面临着经济发展和环境保护双重任务，如何发掘自身优势抓住绿色发展新机遇，实现跨越式发展变得更为必要。

（2）少数民族地区生态文明建设方面。从研究的内容来看，论题涉及生态文明建设的现状及存在的问题、生态文明建设与其他领域的耦合关系、生态文化的借鉴力、生态文明建设主体、生态文明建设体系构建等，涵盖面较广，为进一步的研究提供了丰富的理论素材。但大多数研究还只是理论层面的探讨，没有深入性地去探索问题，缺乏更广泛、深入领域问题的探讨，如对影响生态文明建设的关键因素、建设生态文明的路径等研究，都有待进一步加强。通过对少数民族贫困地区生态文明建设问题的系统、科学的研究，为少数民族贫困地区生态文明建设提供实践意义上的指导。

（3）生态文明建设关键因素方面。尽管理论界与实践界对生态文明建设的关键因素进行了许多有益的探索，获得了一些理论成果和实践经验，推动了生态文明建设关键因素的理论和实践层面的发展。然而，对生态文明建设的概念和内涵未能统一界定，使作为关键因素识别前提的指标的选取、体系的构成、评价标准等方面差异较大，再加上不同地域、不同研究领域的特点，往往导致识别的关键因素缺乏清晰的条理性，同时关键因素的通用性不强，对生态文明建设工作的进一步提升的指导意义不够。

（4）生态文明建设路径选择方面。已有研究从经济、政治、文化、社会等方面做出了或侧重或综合的探讨，但对策性研究较多，且过多依赖理论描述，用定量的方法对生态文明实现途径进行研究相对不足，对生态文明建设的实施推进的具体指导不够。因此，结合现在各地生态文明建设的实际情况，更加科学性地进行生态文明建设的有效路径研究是迫切的。

第3章　少数民族贫困地区生态文明建设中的农户经济行为分析

少数民族贫困地区生态文明建设中农户经济行为起着重要的作用。合理的农户经济行为能够促进生态文明建设，不合理的农户经济行为会阻碍生态文明建设。分析生态文明建设中的农户经济行为，可为宏观调控主体制定生态文明建设的政策提供重要参考，也对采取有效措施引导与优化农户经济行为，切实促进生态文明建设具有重要意义。

3.1　农户经济行为分析

农户经济行为的研究最初有两大理论学派：劳动消费均衡和利润最大化理论。其后的学说及理论则是以上面的理论为依据，而演变成的新理论学说。

3.1.1　劳动消费均衡理论

劳动消费均衡理论是在农户经济行为的早期研究中提出来的。其强调的是农户经济行为组织具有"家庭劳动农场"性质，其行为模式的逻辑与资本主义经济的行为逻辑是不同的。在这个学派当中，俄国农业经济学家恰亚诺夫是代表人物，他通过对俄国小农的研究与探索，出版了《农民经济组织》一书，提出了资本主义的学说是不能够解释小农经济行为的。小农农场是一种家庭劳动式的农场，小农不会雇佣家庭之外的劳动力，也不会出卖劳动力，有自己的土地和生产资料，偶尔会把一部分劳动力用在非农业的活动上。这决定了小农农场与资本主义的农场制是不同的。

资本主义的农场制遵循利润最大化原则和劳动生产率边际报酬理论。而小农农场是不存在工资的，并且只是用消耗劳动的实物单位来表示其劳动耗费，对劳动耗费的评价也不依照资本主义的农场制的工资原则，而是进行劳动辛苦程度的主观评价和比较，从而确定哪些是令人满意的或者是不满意的。家庭需求满足程度是劳动耗费主观评价因素中的一个决定性指标。在根本一致的层次上，关于相同客观表达的单位劳动收益，主观判断的不一致基本是这样确定的：需求满足程度与劳动辛苦程度之间的比较情况。倘使平衡没有达到，就算是很低的劳动报酬，小农农场也会投入劳动力，若是平衡达到了，就只有很高的劳动报酬才能刺激农民去投入更多的劳动力。这就是恰亚诺夫的劳动消费均衡理论。他还提出了：资本主义经济单元的有利概念与小农农场的有利概念不一样，农民经济活动的动机也不同于企业主。依据他的想法，在市场经济之前，小农经济有其独特的运行机制，现代市场经济运行规律对小农经济缺乏适用性；改造传统农业的方式是农户走"合作化道路"。

3.1.2　利润最大化理论

利润最大化理论认为：传统社会的农民与现代资本主义社会的农场主，在经济行为上没有本质性差别，都遵循经济学的"利润最大化"原则。这个理论的代表人物是美国经济学家西奥多·舒尔茨。他在其著作《改造传统农业》中，提出传统农业是一个经济概念，应该从经济本身对农户经济行为进行分析，并且为了揭示传统农业的特征，提出了"贫穷而有效率"假设。他还根据印度 1918～1919年的流行性感冒造成的农业劳动力减少导致农业生产下降的事实证明了：贫穷社会中部分农业劳动力的边际生产率为零的这个学说是错误的。

舒尔茨对"贫穷而有效率"假设的实证分析表明：在传统农业中，农民对资源进行了充分利用，农民首先是企业家或者商人，其总是努力寻找赚钱的方式。可以把他们的活动看作在一个发达的、完全竞争的市场条件下，由既是消费单位又是生产单位的居民组成的货币经济系统，他们对资源配置是非常有效率的，即使是很有能力的农场经营者也无法比得上。舒尔茨给的结论是这样的：传统生产要素长期没有发生变化导致了传统农业的停滞不前。如果要改造传统农业，就需要对农民进行人力资本的投资，并且给他们提供现代生产要素并保障他们可以合理运用。

3.1.3　风险厌恶理论

风险厌恶理论不是系统的、特有的农户经济行为理论。严格意义上说，这个理论流派是一个经济学视角，是通过学者们运用"风险"与"不确定"条件下的"决策理论"而形成的。与利润最大化理论一样，风险厌恶理论假设农户是采取最优化的行为来达到其目标的，并且除此之外还考虑了风险及不确定因素。确定等价物（certainty equivalence）和期望货币值（expected monetary value）是风险决策理论的两个核心概念。确定等价物相当于风险选择可以在个人稳定偏好的范围内作为参照物进行比较的物品，期望货币值是可供选择机会的平均期望值。风险厌恶理论坚持的观点认为：通过对确定等价物和期望货币值进行比较，就能判断出行为人的风险态度，如当确定等价物大于期望货币值的时候，行为人就是风险偏好者；当确定等价物等于期望货币值的时候，行为人便是风险中立者；当确定等价物小于期望货币值的时候，行为人就是风险厌恶者。风险偏好者的决策行为表明，愿意通过担负一些风险损失从而获取相对高的期望效用，赌徒就是这种类型的；风险厌恶者的决策行为是为了得到低风险的效用，宁愿舍弃一定低程度的风险收益；风险中立者的决策行为在风险偏好与风险厌恶两者之间。

3.1.4　农户经济行为与生态环境之间的关系

改革开放以来，我国农业和农村经济取得了巨大发展，农户生活水平得到了显著提高。但与此同时，农村的生态环境逐渐遭到破坏，污染严重，环境恶化，这已经严重影响到了农户的生产和生活。就农村污染而言，与城市的工业污染相比，农村污染以面源污染为主，呈现出分散性、隐蔽性、普遍性、不确定性和不易控制性等特点。从根本上说，农村环境问题是广大农户生产和生活的直接结果。当然，农户经济行为和生态环境问题密切相关。而历史上有关农户经济行为研究的多种理论，都忽视了生态环境因素。实际上，农户经济行为一方面受外部环境影响，另一方面又受来自心理需要上的影响。农户的经济行为必然对农业中各种生产要素、资源的配置与利用产生影响。不同的经济行为会对农业生态产生不同的效果。对农业生态环境的保护是为了实现农业的可持续发展，这就要求农户合理利用农业资源，使农业生产同时满足当代和后代生存的需要。目前，虽然农户已经逐渐认识到农业生态对于农业生产和整个国民生产的重要性，对采用可持续农业技术的意愿也逐渐提高，但现实中的农户经济行为还是对农业生态产生了严重的负面影响。因此，对农户发生的行为进行研究，分析其行为目标，准确找出其支配规律和行为动力，采取有效措施，有所侧重、有所创新地引导、调整和规范农户的行为，有助于实现农村生态环境向好的方向转变，促进生态文明建设。

3.2　理论模型构建与调查设计

3.2.1　研究假设与理论模型构建

1. 研究假设

生态文明按照生态意识文明、生态制度文明、生态行为文明三个层次进行划分，农户经济行为与其分别具有一定的关系。

（1）农户经济行为与生态意识文明。意识主要解决的是人们的世界观、方法论与价值观等问题，比较关键的是价值观念与思维方式，它们能够引导人们的行为。生态文明要求农户树立与自然同存共荣的自然观。这就要求农户不能盲目且无节制地利用大自然、向大自然索取，在进行农业生产时要保护自然、补偿自然，按大自然的规律行动，并且树立社会、经济、自然可持续发展的观念，改变旧观念，节约资源、保护生态环境、与自然和谐发展。

（2）农户经济行为与生态制度文明。社会制度是要解决人与人的关系，为了维护良好的生态环境必须进行制度建设，以规范与约束人们的行为。例如，1984年中国建立了保护生态环境的机构与组织——国家环境保护局，之后又制定了保护生态环境的法律和政策，如《中华人民共和国环境保护法》和退耕还田还草政策。良好制度的建立，可以改善农户的经济行为，减少及避免不良行为对环境的影响。

（3）农户经济行为与生态行为文明。农户的消费会直接或间接地消耗能源、原材料和水资源，并产生排放物和废弃物，这些会对环境造成污染。生态行为文明，要求农户改变那种不利于身体健康、浪费资源、污染环境的消费观及生活方式，提倡绿色环保，低消耗、节约能源的消费行为方式，保障自然资源的可持续发展和循环利用。

（4）农户经济行为与生态产业文明。物质生产是要解决人与自然的关系。进行物质生活资料的生产，是行为的体现，也是任何社会、任何文明生存与发展的基础。生态产业可以分为生态农业、生态工业、生态服务业或生态旅游业，以及环保产业。与农户关系最密切的是生态农业，但是生态工业及生态服务业也会对农户的经济行为带来一定的影响。

（5）生态文明建设内容之间的关系。农户的生态意识文明、生态制度文明、生态行为文明及生态产业文明之间也是存在一定关系的。农户的生态行为文明由其生态意识文明决定，由生态制度文明规范，并且同时受到生态产业环境的影响。

根据以上的分析，本书提出以下几个假设。

$H_{3.1}$：农户经济行为与生态意识文明具有正相关关系。

$H_{3.2}$：农户经济行为与生态行为文明具有正相关关系。

$H_{3.3}$：农户经济行为与生态制度文明具有正相关关系。

$H_{3.4}$：农户经济行为与生态产业文明具有正相关关系。

$H_{3.5a}$：生态制度文明与生态产业文明之间有相关关系。

$H_{3.5b}$：生态产业文明与生态行为文明之间有相关关系。

$H_{3.5c}$：生态意识文明与生态行为文明之间有相关关系。

2. 理论研究模型

在对相关研究文献进行回顾及讨论的基础之上，本书将生态意识文明、生态行为文明、生态制度文明、生态产业文明及农户经济行为作为外生潜变量纳入到模型之中，建立了一个关系模型，整体性探讨农户经济行为与生态文明建设之间的关系。

根据上述研究假设的推导，模型中各个变量间的因果关系可通过图3.1来表示。

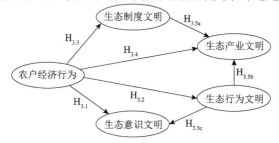

图 3.1　理论模型及其假设关系

3.2.2　测量指标的选取

农户经济行为、生态意识文明、生态制度文明、生态行为文明、生态产业文明作为外生潜变量，它们本身是不可测量的，所以本书要借用一些具体指标对它们分别进行衡量。

1. 农户经济行为指标的选取

行为是行为主体为满足自身需要，达到一定目标而表现出来的一系列活动过程。研究人的行为目的，在于根据行为科学中的激励理论引导、优化人的行为，通过激励来实现行为的强化、弱化及行为方向的引导。农户经济行为是指农户在特定的社会经济环境中，为了满足自身物质需要或精神需要，达成一定的目标而对外部的经济信息做出反应的一系列经济活动过程。当然农户经济行为还受诸如农户的经济预期、农户的经济行为成本、政府政策、农村集体经济组织等因素的影响，农户经济行为对生态文明建设的影响也是以上诸多因素综合作用的结果。

农户经济行为具体包括农户生产行为、农户消费行为、农户储蓄行为、农户技术选择行为、农户投资决策行为等。农户经济行为是开放的、受多种因素影响的。农户经济行为过程与结果直接或间接影响着生态文明建设。本书研究选取对生态文明建设影响最为直接的行为进行探讨，如图3.2所示。

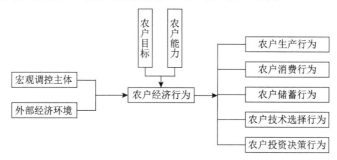

图 3.2　农户经济行为系统图

在农户从生产、消费、储蓄到技术选择、投资决策的一系列经济活动中,谋生是最基本的动机。农户的选择受宏观调控主体的影响及市场环境条件的制约,同时受农户自身的素质、能力、自有资本的质与量的影响和制约。农户是农业生产经营的主体,其生产、消费等经济行为直接影响着农业资源、农业生态环境的状况。农户的不同行为之间是相互影响的,技术选择为生产提供技术支持;投资决策行为决定着资源的有效配置;农业劳动力的素质及其能力的高低直接决定着农户技术选择行为的倾向,也决定着农户投资行为的决策;农户的技术选择行为、生产行为、消费行为的状况也影响着农业生产。总之,农户的各种行为之间是相互影响、相互作用的,共同作用于生态文明建设系统。

1）农户生产行为

农户生产行为是指农户根据自主决策,运用拥有的资源所进行的一切农业生产经营活动,可以说农户生产行为最直接地影响着农业资源及农业生态环境。农户的农业生产行为对生态文明建设的影响,最明显地体现在对农业资源的利用上。农业资源可分为农业自然资源和农业发展性资源,农业自然资源包括气候资源、土地资源、水资源、森林资源、草地资源等。农业发展性资源包括劳动力资源、智力资源、技术资源、信息资源等。农户进行生产需要占有一定量的农业资源,在其生产经营过程中也会消耗一定量的资源,由于种种原因在生产过程中还会产生一定的废弃物或有害物,并将其排放到环境中。当超过环境的容量界限时,农户生产行为就会破坏农业生态环境及农业资源的可持续性利用。可以说农户生产行为最直接地影响着农业资源及农业生态环境。一般而言,当农户选择长期经济目标或非经济目标时,其倾向于选择优化的,即利于生态文明建设的生产行为;当农户追求短期经济目标或其行为受不良因素影响时,农户行为表现出短期化或不良化。同时,生产与消费紧密相连,生产决定消费,消费反作用于生产。

2）农户消费行为

农户消费行为是指农户通过货币和信用支出,在自给性消费的基础上,取得生存、享受和发展所需要的商品与劳务的经济行为。获取收入,只是家庭活动的手段,家庭活动的最终目的是消费,使家庭成员在物质和精神上得到最大限度的满足,因此家庭的基本身份是消费者。追求享乐是人的本性,而且因为享乐引起的消费欲望是无限的,但每个家庭的收入却又是有限的,所以每个家庭都必须在收入和享乐欲望之间进行选择,实现最佳组合。随着改革的逐步深化,市场化进程的加快,农户消费面临多种外在约束条件弱化。分析农户消费行为,以如下几点认识为基础和前提:①理性的消费主体。作为农户,其消费行为追求家庭消费效用的最大化。作为一家之主的消费决策者,不仅要考虑自己消费欲望的满足,也要考虑其他家庭成员消费需要的满足。与单个农民消费行为比较,农户消费行为追求整体消费的最大化。②消费的时间偏好。由于传统因素的影响,农户的消费决策者仅考虑到向前、向后一代的约束，在消费的时序选择上，农户更看重眼前的消费，即偏好现时的消费。③消费品的选择自由。中国市场化进程的改革已经进行很长时间，国内消费品市场比较充足。消费主体不会面临消费品短缺，消费品的价格完全放开，农户有完全的消费选择自由。④消费的价格弹性。价格弹性是指在其他条件不变的情况下，农户购买商品和劳务的数量或支出对价格变化的反应敏感程度。如果价格下降，农户对其消费数量增加，相反，消费数量减少。农户形成合理的消费结构有助于促进生态文明建设。

3）农户储蓄行为

农户个人的金融储蓄，是指农户个人（户主或其他家庭成员）的可支配收入扣除消费支出后的金融资产部分，包括农户持有的现金、储蓄存款、有价证券和其他形式的金融资产。

农户储蓄行为的评价准则。一是微观评价准则——经济效用最大化。农户经济效用最大化是农户产生储蓄行为的最主要动机，它是推动农户产生储蓄行为的直接力量。农户储蓄行为可以被视为对农村现实状况理性认识的结果，这个结果是基于农户在家庭联产承包责任制实行以来，充分运用政策和制度允许的空间，合理安排和重组生产要素，以获取最大经济效用为目标的活动表现。二是宏观评价准则——资源配置最优化。农户储蓄行为变动可以导致宏观经济变动，其原因在于，在投资不变的情况下，储蓄的增加意味着消费的减少，从而总需求减少，物品销售量下降，生产必然减少，国民收入也随之减少，宏观经济发生变动。如果在总需求过度时期增加储蓄，则会减少通货膨胀对国民经济的压力；如果在总需求不足时期增加储蓄，会使经济衰退更加严重，从而可看出，农户储蓄行为发生的过程，实际上是在宏观经济背景下的一个资源配置过程。因此，在宏观经济运行状况的背景下，资源配置最优化，是评价农户储蓄行为的宏观准则。

4）农户技术选择行为

农业技术的采用是指接受对象对某项技术了解、思考、认可和掌握，并在生产实践中进行实际应用的过程，通常它是指个体农户对某项技术选择、接受的行为。而农业技术的扩散或传播不是指一个具体的农民如何一步步地采用新技术，而是指技术被人们普遍采用的过程，它是由众多的个人通过采用新技术决定的结果，通常指在较大区域中群体农民对技术应用的行为总和。农户技术选择行为从本质上讲是从属于农户生产行为的，是农户生产行为的有机组成部分，由于技术投入要素具有一般生产要素所没有的许多特点，农户技术选择行为除了具有一般生产行为的特点外，还具有许多自身特有的规律性。因此，农户在进行技术选择决策时，效用、风险、社会文化、政策及制度都是其考虑的因素，最终取决于其在现有信息水平条件下的"效用最大化"。由于信息不完全和有限理性两个基本约束的存在，农户决策所得到的"效用最大化"并不能代表真实的"效用最大化"。

因此, 有必要建立健全信息沟通渠道, 采取适当的政策调控, 提高农户的决策水平, 以实现国家目标和农户目标相统一的最大化目标, 促进生态文明建设。

5) 农户投资决策行为

依据市场经济条件下, 农户经济行为的特点, 本书将农户的投资决策行为分为以下几种进行探讨研究, 如表 3.1 所示。

表 3.1 农户决策行为分类

序号	类型	定义
1	传统习惯型	坚持传统种养模式经验, 受传统农业和长期封闭经济的影响较深, 不关心市场信息, 文化素质低, 接受新科技知识、扩大再生产、抵御市场风险的能力低, 只坚持传统经验和模式而不愿意改变
2	从众趋同型	面对农业结构调整, 首先是猜疑、观望, 然后看到别人的农业新品种、新技术有了效益, 才会跟着学, 谨慎地选择自己的生产经营行为
3	观望等待型	产生并存在于以政府行为推动农业结构调整的情况下, 如果政府不投入, 农户就不积极进行配合以调整结构, 过度依赖政府
4	探索创新型	有较强的市场意识、竞争意识和科技意识, 敢于冒风险

2. 生态文明建设指标的选取

随着经济的发展, 人们日益清醒地认识到, 以污染环境和破坏生态来换取一时经济繁荣的做法不可取。正是这种清醒, 推动着人类文明进行着一场深刻的变革。人们把追求人与自然和谐相处的研究和实践活动推上当今社会发展主旋律的位置, 进而演化成为全球性的时代潮流。它预示着人类进入了一个崭新的文明时代, 即生态文明时代。

生态文明作为社会文明的一个新阶段, 表现的是社会文明在人类赖以生存的自然环境领域的扩展和延伸, 反映的是人类处理自身活动与自然关系的进步程度, 是人类认识过程的重大飞跃, 也是价值观念的巨大转变。这一转变的关键在于解决自然物质生产和社会物质生产的矛盾, 把社会物质生产以人为中心的价值取向, 转变为人、社会、生态的协调发展的价值取向。根据研究的需要, 综合相关文献, 本书选取以下指标进行探讨。

1) 生态意识文明

生态意识文明是生态文明理论体系的重要内容。在生态文明建设的过程中, 如果缺乏意识文明的支撑, 人们的生态文明观念淡薄, 生态环境恶化的趋势就不能从根本上得到遏制。可以说, 农户生态意识的缺乏是现代生态悲剧的一个深层次根源。因此, 建设生态文明要求我们必须大力培养生态文明意识, 使农户对生态环境的保护转化为自觉的行动, 为生态文明的发展奠定坚实的基础。意识是对存在的反映。生态意识重视保护社会发展的生态环境, 强调从生态价值的角度审视人与自然的关系，对社会政治、法律、道德、哲学、宗教和艺术具有很深远的影响。生态意识作为意识的范畴，是人们对生存环境的观点和看法。不同的学者对生态意识有不同的定义，如表 3.2 所示。

表 3.2　生态意识概念及其来源

序号	生态意识概念	来源
1	生态意识是指在处理人类活动与周围环境间相互关系时的基本立场、观点和方法。具体来说，就是处理眼前利益和长远利益、局部利益和整体利益、经济效益和环境效益、开发与保护、生产与生活、资源与环境等关系时应具备的生态学观念和尝试	王如松：《论生态意识》，载于《农业现代化研究》
2	生态意识是人类在生存与发展过程中恶意理性的升华，是自然生态的众多辩证过程在人脑中的综合反应，并能合理运用生态理性处理人与自然之间关系的思维活动	李杰赓：《生态意识的培植》，载于《吉林广播电视大学学报》
3	生态意识是从生物与环境的整体优化目标来解释和追求社会发展的一类意识要素与观念形态，是生态规律支配作用和生态条件的制约作用在人的观念上的反映	沈新平、陆建飞、庄恒扬：《可持续发展的思想基石：生态意识及其培养》，载于《扬州大学学报（人文社会科学版）》
4	生态意识是人对自然的关系及这种关系变化的哲学反思，是对现代科学发展成果的概括和总结	李万古：《现代科学"生态学化"和社会生态意识》，载于《山东师大学报（社会科学版）》
5	生态意识不仅是协调人与自然关系的前提，还是协调人类内部有关环境权益的纽带	李杰赓：《生态意识的培植》，载于《吉林广播电视大学学报》

具体而言，生态意识作为人类认识能力提升的表现，其主要内容包括生态忧患意识、生态科学意识、生态价值意识、生态审美意识、生态责任意识、生态道德意识等。本书选取上述几个指标作为研究的对象，其中各个指标的概念如表 3.3 所示。

表 3.3　生态意识指标及其概念

序号	生态意识指标	概念
1	生态忧患意识	人类面对日益严重的生态危机而萌生的对自己前途命运的忧患意识
2	生态科学意识	要求我们以生态科学的眼光审视自然，指导实践。生态意识作为一种科学意识，是生态科学知识的积淀与升华，它的发展同生态科学的成熟及其向整个科学技术领域的渗透相伴随
3	生态价值意识	生态价值观念，指人在实践和认识活动中形成的对地球生态环境的价值评价、价值取向
4	生态审美意识	"优美的生态环境是实现人类全面发展和满足人类多种需求的必要前提。"例如，"绿色消费"日渐风行，反映出当代人的审美转变，青山、绿水、无害于环境的"绿色产品"备受青睐
5	生态责任意识	不但国家和企业对生态环境负有责任，而且每一个人对生态保护均负有责任
6	生态道德意识	生活在一定社会环境中的人们，依据社会的道德标准，通过舆论或个人内心活动，对他人或自己的行为进行善恶判断，表明态度

2）生态制度文明

生态制度文明必须具有健全的生态制度，生态制度是指以保护和建设生态环境为中心，调整人与生态环境关系的制度规范的总称。生态制度文明体现了人与自然和谐相处、共同发展的关系，反映了生态环境保护的水平，同时是生态环境保护事业健康发展的保障。生态制度指标及其概念如表 3.4 所示。

表 3.4　生态制度指标及其概念

序号	生态制度指标	概念
1	制度完善	制定的生态环境保护制度反映了生产力发展水平，反映了生态环境的现状和环境保护与建设的实际水平，既不滞后于实际，又不是盲目的、脱离现实的超前
2	良好遵守	生态环境保护制度得到了较为普遍的遵守，人们的环境伦理道德水平较高
3	政策满意度	生态环境保护制度得到了比较全面的贯彻执行，并且人们对政策的制定及执行情况都比较满意

3）生态行为文明

生态行为文明既是一种思想和观念，又是理性的理想境界，也是一种过程，一种体现在社会行为中的过程。没有生态行为文明，意识文明和制度文明就无从表现出来。行为科学是由社会学、人类学、心理学等一系列相关学科组成的学科群，它通过研究人类的行为规律，预测和控制人与人群的社会行为，以确保行为结果实现调控者所预期的政治、经济、文化的目的。在进行生态文明建设的过程中，应用行为科学的理论来指导实践，协调人与自然的矛盾，促进生态文明建设。为了研究的方便，本书主要从生态行为特征和生态产业文明进行探讨，生态行为特征如表 3.5 所示。

表 3.5　生态行为指标及其概念

序号	生态行为指标	概念
1	直接参与	农户直接参与发展经济和保护环境过程中的决策、管理、监督与治理等
2	间接参与	农户通过科学、合理的生活方式或新的消费方式间接参与
3	参与团体	参与生态环境保护的团体、组织、活动等

生态产业文明是生态文明建设的物质基础，主要指的是生态产业的建设。本书选取生态工业、生态农业和生态旅游业作为研究的对象，具体内容如表 3.6 所示。

表 3.6　生态产业指标及其概念

序号	生态产业指标	概念
1	生态工业	生态工业是模拟生态系统的功能，建立起相当于生态系统的"生产者、消费者、还原者"的工业生态链，以低消耗、低（或无）污染、工业发展与生态环境协调为目标的工业

续表

序号	生态产业指标	概念
2	生态农业	是指在保护、改善农业生态环境的前提下，遵循生态学、生态经济学规律，运用系统工程方法和现代科学技术，进行集约化经营的农业发展模式，是按照生态学原理和经济学原理，运用现代科学技术成果和现代管理手段，以及传统农业的有效经验建立起来的，能获得较高的经济效益、生态效益和社会效益的现代化农业
3	生态旅游业	"生态旅游"这一术语，最早由世界自然保护联盟（International Union for Conservation of Nature，IUCN）于 1983 年首先提出的，1993 年国际生态旅游协会把其定义为具有保护自然环境和维护当地人民生活双重责任的旅游活动

3.2.3 问卷的设计与发放

1. 问卷内容概述

通过阅读大量文献，并结合调查，在对生态文明建设中农户经济行为的相关因素有了充分认识的基础上，本书进行量表和问卷的设计。研究的问卷设计，主要是以农户经济行为和生态文明建设两者之间的关系为研究框架而展开的，要求问卷内容能为本章内容提供所需的有效数据。围绕研究目的和研究内容，本书设计的调查问卷包括三个方面的基本内容：①填报者的基本情况信息；②农户经济行为因素变量调查；③生态文明建设的因素变量调查。

问卷主体部分针对 5 个变量提出了 20 项问题，试发了 5 份问卷进行预测试，对问卷中含糊不清的地方进行了修正，然后根据需要删除了内部一致性较差的部分题目，最终形成了 17 个测试题目，确保了问卷具有较高的表面效度。在问卷的设计内容与形式上主要采用利克特五级量表，其备选项为完全不同意（1 分）、不同意（2 分）、说不准（3 分）、基本同意（4 分）、完全同意（5 分）等态度测量标准。

在设计问卷答案过程中，本书将问卷的大部分问题设计为封闭式问题，将小部分问题设置为开放式问题。这样既可以给填写者一定的提示，有利于他们正确理解和回答问题，节约回答的时间，提高问卷的回收率和有效率，又便于研究者对回收数据进行整理和统计分析。但是在问题及选项的设计中，难免会有不恰当和遗漏的地方，并且有些开放式及封闭式的问题和备选答案可能会引起理解上的歧义，从而影响问卷调查的质量。

2. 问卷设计的过程

问卷是研究者在分析大量现有文献和研究成果的基础上，总结了国内外一些较为成功的调查问卷设计形式，根据本章的具体需要进行一定的修改之后逐步形成的。问卷设计过程共经历了三个阶段。

第一阶段，文献查阅与整理。总结以往学者在农户经济行为和生态文明建设方面及相关影响因素研究领域的成果，是问卷设计的基础。本书对国内外关于生态文明建设及农户经济行为的有关文献进行综述，从而对影响其变化及相互关系的因素有了一个大致的认识，并从不同角度对这些影响因素进行了分类和总结，形成了为 5 个变量进行测量的 17 个问题。

第二阶段，对农户进行访谈和实际调研。访谈主要是为了获得农户在生态文明建设中实际遇到的问题，访谈主要通过实地访谈方式进行，根据研究的需要，研究者选择墨江哈尼族自治县作为访谈的地点进行了访谈。这些实践经历使研究者对云南少数民族贫困地区的生态文明建设中存在的问题有了更为直观的认识和感受。访谈者为本问卷的设计提供了良好的依据和基础。

第三阶段，向一些专家及与课题相关的样本区群众发放测试问卷，对量表信度进行初始检验。根据检验结果和需要继续调整问卷，直到量表信度符合标准。经过再次的问卷测试，最终形成调查问卷。

3. 问卷的发放与数据收集

最基本的抽样方式为简单随机抽样、类型抽样、等距抽样和整群抽样。其中简单随机抽样完全按照随机原则逐个抽取样本单位，操作简单，使用最为普及。类型抽样是将总体全部单位按照某个标志分成若干个类型组，然后从各类型组中采用简单随机抽样或其他方式抽取样本单位，其抽样误差比简单随机抽样小，抽样判断的效果较好。等距抽样也叫系统抽样，它是将总体单位中的各单位按某一标志顺序排列，然后按照一定的间隔抽取样本单位，其抽样方法简单，容易实施，并且抽样判断的精确性高于简单随机抽样。整群抽样是从总体单位中成群地抽取样本单位，将若干个群组成样本，对抽中的群进行全数调查。

依据本次调查的需要，本书采用了简单随机抽样，又称为单纯随机抽样。就是在总体单位中不进行任何分组、排队等，完全排除任何主观的、有目的的选择，采用纯粹、偶然的方法从总体单位中选取样本。这种方法更能体现出总体单位中每个样本单位的机会完全相等，选出的样本单位与总体单位特性接近，是各种概率抽样中比较简便易行的一种方法。调查是以云南少数民族贫困地区的农户为单位进行的，调查活动历经四个多月，完成了全部问卷的回收。此次调查一共发放了 200 份调查问卷，回收了 186 份。研究者对调查问卷进行编码处理，在 SPSS 21.0 中形成了 186 份农户的数据。该数据经过内部协调性检验，个别地方经过了核实与修改，这些数据成为研究的依据。

3.2.4　问卷处理的方法

1. 信度与效度检验

信度是指测验结果的一致性、稳定性及可靠性，一般多以内部一致性来表示该测验信度的高低。信度系数越高表示该测验的结果越一致、稳定与可靠。系统误差对信度没什么影响，因为系统误差总是以相同的方式影响测量值，所以不会造成不一致性。反之，随机误差可能导致不一致性，从而降低信度。信度可以定义为随机误差 R 影响测量值的程度。如果 $R=0$，就认为测量是完全可信的，信度最高。

效度表示一项研究的真实性和准确性程度，又称为真确性。它与研究的目标密切相关，一项研究得出的结果必须符合其目标才是有效的，因而效度也就是达到目标的程度。效度是相对的，仅针对特定目标而言，因此只有程度上的差别。

在测量方面，效度指一种测量手段能够测得预期结果的程度。从统计学角度把效度（r_{XY}）定义为潜在的分数方差的比率，即 $r_{XY} = \dfrac{\sigma_r^2}{\sigma_X^2}$。效度与信度的关系为信度是效度的必要条件，但不是充分条件。一个测量的效度要高，其信度必须高，而一个测量的信度高时，效度并不一定高。

2. SEM 分析的基本途径

SEM 是一门基于统计分析技术的研究方法学，它主要用于解决社会科学研究中的多变量问题，用来处理复杂的多变量研究数据的探究与分析。在社会科学及经济、市场、管理等研究领域，有时需处理多个原因、多个结果的关系，或者会遇到不可直接观测的变量（即潜变量），这些都是传统的统计方法不能很好解决的问题。SEM 能够对抽象的概念进行估计与检定，而且能够同时进行潜在变量的估计与复杂自变量及因变量预测模型的参数估计。

SEM 是一般线性模型的扩展。它能使研究者同时检验一组回归方程。SEM 软件不但能检验传统模型，而且能执行更复杂的关系和模型的检验。例如，验证性因子分析和时间序列分析，进行 SEM 分析的基本途径如图 3.3 所示。

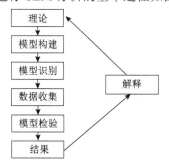

图 3.3　SEM 分析的基本途径

研究者首先基于理论定义模型；其次确定测量方法，收集数据，输入数据到 SEM 软件中；最后软件拟合指定模型的数据并产生包括整体模型拟合统计量和参数估计的结果。分析的输入通常是测量变量的协方差阵，如调查项目得分，虽然有时使用相关阵或协方差和均值阵。实际上，数据分析经常用原始数据提供给 SEM，通过程序转换这些数据为它自身使用的协方差和均值。模型由测量变量间的关系组成。结果有模型拟合的全部指数及参数估计、标准误、模型中自由参数的检验统计量。

3.3　数据分析及讨论

3.3.1　描述性统计分析

数据收集采用问卷调查的方式，其中问卷设计主要采用利克特五级量表，研究者发放调查问卷 200 份，回收 186 份。根据分析的需要，本书对上述调查数据进行了标准化处理。用 SPSS 21.0 统计的基本信息如表 3.7 所示。

表 3.7　样本基本特征

特征描述		频数/次	百分比
性别	男	117	62.9%
	女	69	37.1%
年龄	20 岁及以下	20	10.8%
	21～30 岁	42	22.6%
	31～40 岁	60	32.3%
	41～50 岁	48	25.8%
	50 岁以上	16	8.6%
文化程度	小学以下	29	15.6%
	小学	71	38.2%
	初中	74	39.8%
	高中	12	6.4%

3.3.2　量表的信度与效度分析

1. 信度检验

1951 年，克龙巴赫（Cronbach，1951）提出了用于估量测验的内部一致性的克龙巴赫 a（Cronbach's alpha）系数计算公式，目前克龙巴赫 a 系数作为一种信度指标,是衡量心理或者教育的检测可靠性的常见方法。通常 α 值在 0.7 以上时,称为高信度; α 大于等于 0.6,则认为问卷题目的信度可以被接受。

本章运用克龙巴赫 α 系数来衡量农户经济行为、生态意识文明、生态行为文明、生态产业文明及生态制度文明等各研究变量题项的内部一致性、稳定性及各量表的效度,并用来解释研究的可信度。利用 SPSS 21.0 对变量构造的结构模型进行信度检验,其内部一致性如表 3.8 所示。

表 3.8　问卷及各研究变量的信度检验结果

研究的潜变量	指标	项已删除的克龙巴赫 α 值	克龙巴赫 α 系数
农户经济行为	农户技术选择行为	0.843	0.853
	农户投资决策行为	0.811	
	农户生产行为	0.780	
	农户消费行为	0.836	
	农户储蓄行为	0.832	
生态行为文明	间接参与	0.873	0.895
	参与团体	0.763	
	直接参与	0.846	
生态制度文明	制度完善	0.845	0.780
	政策满意度	0.811	
	良好遵守	0.870	
生态产业文明	生态工业	0.817	0.626
	生态旅游业	0.852	
	生态农业	0.794	
生态意识文明	生态忧患意识	0.854	0.764
	生态科学意识	0.791	
	生态责任和道德意识	0.810	

从表 3.8 可以看出,虽然有一个变量的内部一致性相对比较低,但也都大于0.6,本章总量表的克龙巴赫 α 系数是 0.906,我们可以认为这个量表是可信的。

2. 效度分析

效度是指一种真正能够测出研究人员想要测量的事物的程度的测量,即测量的有效性,也就是说测量到的是不是研究者所要测定的目标的特征。依据 3.2 节的研究方法和对研究理论的探讨,本章的问卷是通过对相关文献研究成果进行总结、访谈，以及问卷测试与修正等几个阶段完成的。量表包含了需要测量的影响因素，并且经过了小样本测试。同时，在数据收集过程中，本书在样本选择和被调查对象选择方面也做了严格规定，数据的初步统计和推断也表明数据是有效的，从而认定该量表具有比较高的表面效度。下面通过 SPSS 21.0 中的验证性因子分析法对量表内容效度进行检验。在因子分析前采用 KMO（Kaiser-Meyer-Olkin）样本测度和巴特利特球形度检验（Bartlett's test of sphericity）来检验量表中指标间的相关性，用以反映样本是否适宜做进一步的分析，通常采用如下标准：KMO 在 0.9 以上，表示非常合适；0.8~0.9 表示很合适；0.7~0.8 表示合适；0.6~0.7 表示比较合适。巴特利特球形度检验显著性概率小于 0.01，则表示相关性强，可以进行进一步处理。从表 3.9 和表 3.10 可以看出，对各量表进行验证性因子分析的结果显示：KMO>0.600，并且显著性<0.01，因素负荷值>0.600，累计方差贡献率>50%，由此说明各量表具有可靠的效度，可作进一步分析之用。

表 3.9　各因子对应量表的 KMO 值及累计方差解释程度

量表	KMO	巴特利特球形度检验			累计方差贡献率
		近似卡方	自由度值	检验的概率值	
农户经济行为	0.849	432.593	10	0.000	85.225%
生态行为文明	0.703	30.882	3	0.000	69.765%
生态制度文明	0.608	53.099	6	0.000	54.481%
生态产业文明	0.642	71.029	8	0.000	57.393%
生态意识文明	0.679	52.853	5	0.000	53.619%

表 3.10　量表效度的验证性因子分析

量表	指标	因素负荷
农户经济行为	农户技术选择行为	0.793
	农户投资决策行为	0.824
	农户生产行为	0.905
	农户消费行为	0.743
	农户储蓄行为	0.763
生态行为文明	间接参与	0.663
	参与团体	0.723
	直接参与	0.729

续表

量表	指标	因素负荷
生态制度文明	制度完善	0.691
	政策满意度	0.720
	良好遵守	0.799
生态产业文明	生态工业	0.691
	生态旅游业	0.747
	生态农业	0.828
生态意识文明	生态忧患意识	0.749
	生态科学意识	0.620
	生态责任和道德意识	0.815

3.3.3 模型验证及假设检验

1. SEM 检验准则

SEM 进行参数估计之后，研究者要对估计之后的模型进行拟合检查和评价。模型拟合检查和评价可以分为主观评价与客观评价两个部分。

1）主观评价

主观评价是用来检查变量之间（尤其是隐变量之间）的关系是否合理的。主观评价要检查估计之后的模型中每一个路径系数的大小、正负符号是否正常。对于隐变量与显变量的关系而言，反映同一个隐变量的诸多显变量的影响应该是同方向的。如果在模型中的路径系数不符合上述实际情况，则需考虑重新构建模型，设定隐变量之间的关系或者重新考察显变量的代表性问题。

2）客观评价

模型的客观评价主要表现为根据模型数据计算的相关评判指标及指标的大小或符号来判定模型是否符合一般的标准。客观评价的依据主要是拟合指数，具体是指基于拟合指数的估计协方差矩阵 Σ 和样本协方差矩阵 S 的差异（$\Sigma - S$）可以用一个综合数值来表示，而大部分的拟合指数都是以拟合优度的 x^2 检验为基础的。x^2 值越大则（$\Sigma - S$）越大，因而当 x^2 小于临界值时，则可以认为模型与数据拟合的效果较好，通常情况下，很小的 x^2 值说明拟合很好。但是 x^2 值与样本容量相关，样本越大，其值也就越大。本章结合 AMOS 7.0 软件输出的拟合指数简要介绍几种常用的拟合指数，以及拟合优度指标。

比较拟合指数（comparative fit index，CFI），是从设定模型的拟合与所有变量之间没有相关关系的独立模型拟合之间的比较中取得的，其取值范围为 0～1，CFI 越接近 1，模型拟合程度越好。

规范拟合指数（normed fit index，NFI），通过对设定模型的 x^2 值与独立模型的 x^2 值比较来评价，其取值范围为 0～1，NFI 越接近 1，模型拟合程度越好。

　　增量拟合指数（incremental fit index，IFI），是一种能减小 NFI 指数的平均值对样本容量的依赖并考虑设定模型自由度影响的指数，同样其取值越靠近 1 说明模型拟合程度越好。

　　极大似然比卡方值（minimum discrepancy，CMIN）是非参数检验中的一个统计量，主要用于非参数统计分析中。它的作用是检验数据的相关性。如果卡方值的显著性（即 Sig.）小于 0.05，说明两个变量是显著相关的。

　　卡方值检验的显著性概率值 p 值如果很小，说明观察值与理论值偏离程度太大，应当拒绝无效假设，表示比较资料之间有显著差异；否则就不能拒绝无效假设。

　　卡方自由度比值（CMIN/DF）亦称规范卡方（normed chi-square），是绝对适配统计量指标。该比值越小，表明假设模型与样本数据越匹配，研究模型的拟合度越高；相反，该比值越大，表明假设模型与样本数据越不匹配，研究模型的拟合度越低。

　　良适性适配指标（goodness-of-fit index，GFI），为适配度指数，用来表示理论建构复制矩阵能解释样本数据的观察矩阵的程度。GFI 数值介于 0～1，数值越大，表示模型的适配度越好，反之，数值越小，模型的适配度越差。

　　调整后良适性适配指标（adjusted goodness-of-fit index，AGFI），即调整后的 GFI 值不会受单位影响，其估计公式中，同时考虑到估计的参数数目与观察变量数，它利用假设模型的自由度与模型变量个数的比率来修正 GFI 指标。

　　非规准适配指数（Tacker-Lewis index，TLI），是用来比较两个对立模型之间的适配程度，或者用来比较所提出的模型和虚无模型之间的适配程度，是修正了的 NFI。

　　近似误差均方根（root mean square error of approximation，RMSEA），该指数受样本容量的影响较小，是近年来应用较为广泛的拟合指数之一。当 RMSEA 值为 0.05 以下，而 RMSEA 的 90%（双侧）置信区间上限在 0.08 以下时，表示模型拟合得较好。更一般的情况下，RMSEA 低于 0.1 表示好的拟合，低于 0.05 表示非常好的拟合，低于 0.01 表示非常出色的拟合。

　2. 模型假设检验与估计

　　模型估计用 AMOS 7.0 软件进行。在农户经济行为与生态文明建设之间关系的模型构建的基础上，本书详细描述了测量模型中潜变量与隐变量之间的关系，并选取了相应的指标进行研究，最后共确定了五个因子：农户经济行为、生态意识文明、生态产业文明、生态行为文明、生态制度文明。同时对设计的测量量表和收集的数据进行了信度检验与效度分析，验证结果表明可以进行进一步的研究和讨论。本书利用 AMOS 7.0 软件，对上述 SEM 进行计算，得到初始结果后，根据 AMOS 7.0 软件对修正模型的建议，在初始模型上进行修正，得到的结果如图 3.4 所示。

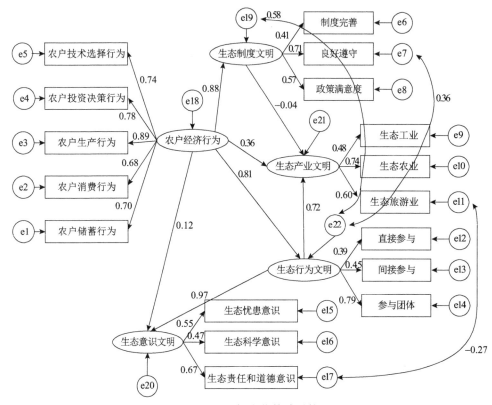

图 3.4　SEM 标准化估计系数图

从结构方程的拟合优度指标看，各项指标均符合统计检验的要求。绝对拟合指标中，CMIN 值较小，同时 CMIN/DF=1.528 小于 2，RMSEA 值小于 0.1，符合检验要求。相对拟合指标 GFI 和 AGFI 分别为 0.904 和 0.865，都很接近 1，同时 GFI 和 TLI 指标很接近 1，以上各项指标值说明了模型通过拟合度检验，即模型实证结果有较好的说服力，如表 3.11 所示。

表 3.11　结构方程拟合优度指标

拟合优度指标	模型估计值	备注
CMIN	166.5	显著性水平小于 0.01
p	0.000	若值小于 3，模型拟合较好
CMIN/DF	1.528	若值小于 0.05，模型拟合较好
GFI	0.904	若值接近 1，模型拟合较好
AGFI	0.865	若值接近 1，模型拟合较好
TLI	0.943	若值接近 1，模型拟合较好
RMSEA	0.053	若值小于 0.1，模型拟合好

　　SEM 使用最大似然法估计模型，而不是通常的最小二乘法。OLS（ordinary least square，普通最小二乘法）寻找数据点到回归线距离的最小平方和。MLE（maximum likelihood estimation，极大似然估计）寻找最大的对数似然，它反映用自变量观测值预测因变量观测值的可能性有多大。回归系数是模型中带箭头的路径系数。为了识别模型，部分系数在模型识别中已被固定为 1。临界比值（critical ratio，CR）是回归系数的估计值除以它的标准误。临界比值与原假设有关，如果处理近似标准正态分布的随机变量，在 0.05 的显著性水平上，临界比值估计的绝对值大于 1.96 称为显著，即这个回归系数在 0.05 的显著性水平上显著地不等于 0。p 值给出检验原假设总体中参数是 0 的近似双尾概值，见表 3.12。

表 3.12　SEM 的参数估计

关系路径	估计值	临界比值	p	显著性
生态制度文明←农户经济行为	0.509	4.816	***	显著
生态行为文明←农户经济行为	0.474	4.709	***	显著
生态产业文明←农户经济行为	0.244	2.177	0.029	显著
生态意识文明←农户经济行为	0.343	2.231	0.046	显著
生态产业文明←生态制度文明	−0.055	−2.083	0.052	显著
生态产业文明←生态行为文明	0.882	2.011	0.044	显著
生态意识文明←生态行为文明	0.649	3.667	***	显著
农户储蓄行为←农户经济行为	1.000			
农户消费行为←农户经济行为	0.938	8.619	***	显著
农户生产行为←农户经济行为	0.385	10.998	***	显著
农户投资决策行为←农户经济行为	0.450	9.839	***	显著
农户技术选择行为←农户经济行为	0.558	9.356	***	显著
制度完善←生态制度文明	1.000			
良好遵守←生态制度文明	0.778	4.884	***	显著
政策满意度←生态制度文明	0.456	4.587	***	显著
生态工业←生态产业文明	1.000			
生态农业←生态产业文明	0.547	6.403	***	显著
生态旅游业←生态产业文明	0.225	5.779	***	显著
直接参与←生态行为文明	1.000			
间接参与←生态行为文明	0.202	4.180	***	显著
参与团体←生态行为文明	0.046	5.153	***	显著
生态忧患意识←生态意识文明	1.000			
生态科学意识←生态意识文明	0.807	5.672	***	显著
生态责任道德意识←生态意识文明	0.229	7.323	***	显著

***表示 p 在 0.001 双侧区间内显著

3. 构建模型的结果分析

由图 3.4 可以看到，农户生产行为对农户经济行为本身的影响最大，回归权重系数达到了 0.89。在生态文明建设中，生态制度文明对农户经济行为有着最为显著的正面影响，回归权重系数达到了 0.88，验证了最初的 $H_{3.3}$：农户经济行为与生态制度文明具有正相关关系。生态行为文明对农户经济行为的回归权重系数为 0.81，说明其对农户经济行为的影响仅次于生态制度文明对农户经济行为的影响，排在第三位。另外是生态产业文明和生态意识文明，它们对农户经济行为的影响也都是正的，符合之前设定的模型假设。值得注意的是，隐变量生态制度文明和生态产业文明之间的回归权重系数为−0.04，这不难理解，在云南少数民族贫困地区这一特殊的地理环境空间中，其生态产业的形成与其自身的资源环境有着密切的关系，研究显示该地区现阶段的政策对生态产业发展的促进作用不够大。

SEM 中的标准化估计系数描述了各个变量之间在剔除量纲之后的关系，各变量的标准化系数可以得到以下结论和启示。

（1）农户生产行为、农户消费行为、农户储蓄行为、农户技术选择行为及农户投资决策行为与形成合理、生态的农户经济行为具有一定的因果关系。实证表明：农户生产行为对形成合理的农户经济行为的影响最大；另外是农户投资决策行为、农户技术选择行为、农户储蓄行为，农户消费行为对形成理想化的农户经济行为模式的影响最小。

（2）在生态文明建设中，合理的农户经济行为受到生态制度建设、生态产业及农户的生态行为和生态意识的影响。其中生态制度的影响最大，另外是农户本身的生态行为。我们可以看到，生态意识虽然对理想化的农户经济行为影响较小，但是对农户生态行为的影响非常大，回归权重系数达到了 0.97，表明通过提高农户的生态文明意识，可以在很大的程度上改善农户的生态行为。

（3）农户的生态意识，以及其所处的生态产业环境与农户的生态行为有很强的正相关关系。农户处在良好的生态产业环境或是市场环境中，对于其形成保护环境、减少农业污染等的生态行为具有一定影响，并且通过提高农户的生态文明意识，可以改善其生态行为。

通过上面的实证分析，可以得到以下启示。

（1）制度是人们创造出来的一种工具，用以界定人们自由选择的空间及确立人们的行为规范。制度的这种界定和规范一方面为人们进行某一活动设置了一个渠道与范围，另一方面又为生活在其中的人们确立了一套激励或奖惩的办法，不同的制度结构有着不同的行为界定与规范，从而意味着不同的活动范围与激励导致不同的行为选择、行为努力及行为结果。在现实生活中农户总是按自己的利益需要而行为，一般不会主动、无私地为整个社会的需要而考虑，农户总是经过对物质与非物质的成本收益的权衡，来选择能够为自己带来最大净收益的行动方案。农户的行为和活动从来都不是孤立的，而是互为条件、互相制约、相互影响的。其决策的目标为自身效用的最大化，而非社会效率最大化，所以不能单纯通过对意识与精神的要求来约束农户的经济行为，而只能运用最有效的机制来制约和激励农户，从而建立良好的生态文明制度。这对于总体经济发展水平较低、发展不平衡的少数民族贫困地区具有重要的现实意义。

（2）改善农户的生态文明行为至关重要。农户的行为直接或者间接地消耗各种能源、土地资源和水资源，同时产生各种排放物和废弃物污染环境。因此，农户应改变那种不利于生产生活、浪费资源、污染环境的行为，选择健康、适度的生态行为，以利于其自身的健康发展和自然资源的循环利用。这需要相关部门建立一套激励机制来实现。

（3）生态产业包括生态农业、生态工业、生态旅游业等。对于少数民族贫困地区的农户来说，生态产业主要涉及的是生态农业。这对农户协调经济发展与环境之间、资源利用与保护之间的生产关系，形成生态和经济的良性循环，实现农业的可持续发展有着重要的作用。

3.4 农户经济行为引导

生态意识文明、生态制度文明、生态行为文明及生态产业文明是生态文明建设下形成合理的农户经济行为的重要因素，本书提出以下改善农户经济行为的建议。首先，构建生态文化，其中农户的生态意识因素、生态制度因素、生态行为因素及生态产业因素便是这种生态文化的主要内容，分别代表了生态文化的各个层次。其次，在形成生态文化的大背景下，提出了构建理想化的农户经济行为模式的思想，合理的农户经济行为受到众多因素的影响，有农户自身的因素，如农户目标、农户能力等，同时受到外部因素的影响，如市场经济环境等。这些影响因素相互作用的宏观背景就是生态文化。

3.4.1 构建生态文化

生态文化是"以人与自然和谐为核心和信念的文化取代那种以人类为中心、以人的需要为中心，以自然界、自然环境为征服对象的文化，是一种以生态意识和生态思维为主体构成的文化体系"。它不仅包括生态意识和生态思维，还包括生态伦理和生态道德、生态价值等，它是解决人类与自然关系问题的思想观点和心理的总和。生态文化是以人为本，协调人与自然环境和谐相处关系的文化，它代表了人与自然环境关系演变的潮流。它的出现，首先引发了人的价值观的革命，即用人与自然和谐发展的价值观代替人统治自然的价值观。这已经在各个领域中表现出来。在经济上，它评价经济发展的标准是产品质量而不是数量，要求其增长方式由粗放型转变为集约型；在政治上，它倡导农户的广泛参与和民主决策，看重农户的需要，消除贫困，健全法制，强调社会的稳定；在空间上，它要求时代持续不断地发展，不搞短期行为，不为了局部利益牺牲社会整体利益，不为了区域利益牺牲全局利益；在发展方向上，它强调多要素系统、协调并进，而不是片面的、单一的发展，注重内涵和质量，全面提升国民经济的整体素质和农户的生活质量；在发展动力上，它主张用生态建设的科学知识武装农户，使农户从衣、食、住、行等日常生活中不断认识到生态保护和建设的重要性，唤起农户的生态意识，提高农户生态环境建设的积极性、主动性、创造性，从而形成具有强大群众基础的生态保护力量。

生态文化一旦形成就凝聚成一个区域的精神力量，它能够激发农户热爱大自然、拥抱大自然、与大自然和谐共处的情感，激发农户自觉为生态经济建设贡献自己的聪明才智和热血汗水，推进生态经济可持续发展。加强对农户的生态文化教育，着力提高广大农户的科学文化素质，促进人与自然和谐，是培养新型农户的重要工作，是社会主义新农村建设的重要基础内容。同时，在建设生态文化的过程中，优化农户的经济行为。

1. 提高生态文明意识

在生态文明建设的过程中，如果缺乏生态文明意识的支撑，农户的生态文明观念淡薄，生态环境恶化的趋势就不能从根本上得到遏止。可以说，生态文明意识的缺乏是难以在农村开展生态文明建设的一个重要因素。因此，建设生态文明要求必须大力培养生态文明意识，使农户对生态环境的保护转化为自觉的行动，为生态文明建设奠定良好的基础。

生态文明意识是特定社会存在的反映，受到社会存在的影响，因而农户的生态文明意识形成具有其特定的原因，它是在一定社会历史条件下形成和发展的，随着历史条件的变化，它的内容和形式也随之发生改变。影响农户生态文明意识的主要因素有受教育程度、宗教信仰、民族习惯、经济收入及市场感知程度等。要做好农户生态文明观念的教育，使农户树立正确的自然观、生态环境价值观，使其努力做到在与自然和谐共处的过程中，实现自身的可持续发展。加强生态道德教育，增强农户对于生态环境的道德意识，使之认识到保护自然环境、维护生态平衡是人类为了自身的生存应履行的道德义务与责任。

2. 建设生态文明制度

生态文明制度可以合理限制农户的行为，防止不合理的生产和生活活动造成生态环境的恶化与破坏，同时保护和建设生态环境并恢复生态环境。生态制度是法律体系的重要组成部分，生态制度以法律形式得以设立，既加强了对生态环境的保护和建设，促进农户与自然的和谐相处，也完善了法律体系。生态文明制度，是生态环境保护和建设、生态环境保护制度规范建设的成果，它体现了人与自然和谐相处、共同发展的关系,反映了生态环境保护的水平,是生态环境保护事业健康发展的根本保障。生态环境保护和建设的水平,是生态文明制度的外化,是衡量生态文明制度化程度的标尺。建设生态文明制度,仅有生态环境保护制度规范是远远不够的。首先,应制定能促进生态环境状况改善的制度,而且这些制度规范是较为完善的。其次,这些生态环境保护制度得到了较为普遍的遵守,人们的环境伦理道德水平较高。表现为农户了解各种保护自然、保护生态环境的法规与条例,自觉地遵循自然生态法则,主动遵守这些制度规范,主动与破坏生态环境的违法行为做斗争。最后,生态环境保护和建设能够取得明显成效。

建立完善的生态环境保护制度,可以合理限制农户的经济行为及开发行为,防止不合理的经济行为和开发建设活动造成生态环境的恶化与破坏,从而更好地保护和建设生态环境,恢复生态环境,完善法律体系。完善的生态文明制度为引导合理的农户经济行为提供了法律基础。

3. 形成生态文明行为

行为科学指出,人的行为由动机支配,而动机是由需要引起;人们的行为一般是有目的的,都是在某种动机的驱动下为达到某个目标而从事的活动行为。其产生不是孤立的,是需要、动机、目标综合作用的结果。农户行为目标具有多重复合性,既追求家庭消费产量的最大化,又追求市场经济利润的最大化,可以分为几个层次:家庭生活动机——满足生存的需要;家庭积累动机——积累个人财富的需要;社会服务动机——履行个人对社会应尽的义务;社会服从动机——个人受到外界强制性的压力。对于农户来说,农业生产活动是满足其需要的主要行为方式之一。农户家庭的生活需要,引起农户从事农业生产的动机,激发了农户的农业生产活动。如果农业生产的预期效益好,务农动机就强,农户的农业生产积极性高涨;反之,则减弱。因此,要正确把握、引导农户的经济行为,关键在于确定农户经济行为目标。目标确定后,由于农户经济行为内在约束因素的差异和外部环境的变化,农户选择达到目标的途径、路线、时间、行为也会产生很大差异。农户的生态文明行为应该是以不破坏生态环境为主要动机,在进行农业生产的同时要考虑到自己的生产行为是否对环境造成了一定的影响,树立农业可持续发展的长期经济目标。

4. 发展生态产业

对于农户来讲,生态产业主要涉及生态农业。生态农业能在保持农业生态平衡的前提下合理利用各种农业生态资源,在有限的土地上强化物流、能流、信息流和价值流,在发展商品生产的同时,保护农村生态环境,实现经济效益、生态效益和社会效益的同步提高。生态农业遵照有机农业生产标准,在生产中不采用基因工程获得的生物及其产物,不使用化学合成的农药、化肥、生长调节剂、饲料添加剂等物质，遵循自然规律和生态学原理，协调种植业和养殖业的平衡，采用一系列可持续发展的农业技术，维持持续稳定的农业生产过程。在农业经济和农村环境协调发展原则的指导下，生态农业是总结吸收各种农业生产方式的成功经验，运用现代科技成果和现代管理手段，在特定区域内所形成的经济效益、社会效益和生态效益相统一的农业。其理念与宗旨是：在洁净土地上，用洁净的生产方式进行生产，以提高人们的健康水平，协调经济发展与环境之间、资源利用与保护之间的生产关系，形成生态和经济的良性循环，实现农业的可持续发展。因此，生态文化的构建中，核心层是生态文明意识，深层是生态文明制度，浅层是生态文明行为，表层是生态产业。如图 3.5 所示。

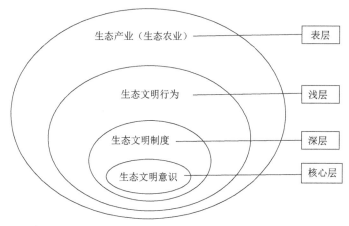

图 3.5　生态文化系统图

3.4.2　构建理想化的农户经济行为模式

1. 形成生态的农户目标

农户生产及生活行为给生态环境造成了许多负面影响，然而农户在进行经济生产决策的时候并没有过多地考虑环境问题，只是追求自身效用的最大化。例如，农民为了在有限的土地上获得最大产量，大量地使用化肥和农药，造成了环境和农作物的污染。事实上，农户自身的需要不同其目标大不相同。低层次的需要决定了他们将不会顾及自身行为对环境的影响，生态文明建设，可以使农户认识到自身的经济行为对生态环境的影响，从而提高农户的生态意识，使农户形成生态的行为，最终确立有利于生态文明建设和发展的目标。要认识到，农户选择不同目标时的经济行为对生态文明建设的影响各不相同，要尽可能地把生态文明建设与农户目标结合起来，强化其目标对生态文明建设的有力推动作用，弱化其不利影响。

2. 提高农户能力

农户能力是制约其经济行为的重要因素。农户能力包括农户做出选择与决策的能力、利用先进农业科学技术及先进农业生产设备的能力、掌握与利用科学工艺方法的能力等。农户对行为的选择与行为产生的后果都受农户能力制约。农户缺乏选择与决策能力，就不可能及时吸收外部信息并对信息进行有效分析与综合，这就不利于农户对其经济行为的合理调整与优化；如果农户缺乏利用先进农业科学技术的能力，则其经济行为后果将阻碍生态文明建设。例如，如果农户不能掌握与使用有关肥料、农药应用的科学方法，则其行为一方面将造成肥料、农药的浪费，增加农业生产成本；另一方面将造成土壤板结、环境污染，导致外部不经济。

劳动者素质的差异直接影响着其择业行为，也关系到农业的发展。我国农业劳动力供给按受教育程度呈现出"金字塔"形。然而，在从传统农业向现代农业转变的过程中，对农村劳动力的需求则呈"倒金字塔"形。很多受教育程度比较高的劳动者大多会选择向城镇转移，这就进一步加剧了农业劳动力供需的不平衡。传统农业在目前看来已经是"不经济"的，需要引进新技术、新科技来增加农业的边际效益，这就要求农民掌握一定的知识和技能。同时，农户承担风险的心理素质普遍偏低，对新技术、新政策采取观望态度，这对农户经营、技术创新有严重的阻碍作用。因此必须提高农户选择与决策能力，使其能够及时吸收外部信息并对信息进行有效分析与综合，从而达到对其经济行为的合理调整与优化；提高农户利用先进农业科学技术的能力，使其掌握与使用有关肥料、农药应用的科学方法，降低农业生产成本，减少土壤板结、环境污染。

3. 形成良好的市场经济环境

农产品市场是完全竞争市场，农户经济行为的趋同性，使农产品的市场竞争十分激烈。要使农产品的竞争有所缓和，就需要提高农户的创新能力。市场化程度成为影响农户经济行为的另一个重要因素。市场体系是否健全，市场结构是否合理，市场风险是否存在，均构成农户能否实现经营目标的影响因素。农户经济行为的选择受许多市场经济因素及非经济因素的影响。经济因素主要有农产品及农业生产资料的市场价格、农业税收、农业生产成本、农业生产经营方式等。非经济因素主要有政府政策、农村集体经济组织的影响。农户经济行为对生态文明建设的影响也是以上诸多因素综合作用的结果。例如，市场对绿色农产品的需求量增加及对农产品质量要求的提高，使农户的经济行为产生一系列连锁反应，促使农户在进行农业生产时控制对农药和化肥的使用，从而间接促进生态环境的良性循环。

4. 优化农户经济行为

影响农户经济行为的因素有很多，合理的农户经济行为应该是在各种影响因素相互作用后的优化行为。

生态文明建设下，农户经济行为的优化可以有效地配置土地、水、资金、技术等资源，优化产业结构，增加农民收入，促使实现共同富裕；与此同时保护了生态环境，保障对资源的合理利用与保护，使农户不仅顾及眼前的目标，而且更加注重考虑长远的利益。生态文明建设下农户经济行为理想化模式如图 3.6 所示。

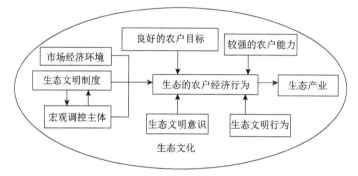

图 3.6　生态文明建设下农户经济行为理想化模式

可见，农户经济的行为除了受自身条件的限制性因素影响之外，还受到诸多外部因素的影响。在生态文明建设下构建理想化的农户经济行为模式，需要综合考虑这些影响因素，以及这些因素之间的相互作用。

第4章　少数民族贫困地区生态文明建设中的企业行为分析

4.1　生态文明建设对企业行为的影响分析

生态文明建设是意识、制度和行为的综合，通过可持续发展意识指引制度设计，通过制度规范对行为进行引导。生态文明意识建设、生态文明制度建设和生态文明行为建设这三个方面相互作用、相互影响，最终构成了生态文明建设体系。

4.1.1　生态文明意识建设产生市场压力

生态文明建设是中国特色社会主义事业的重要组成部分，生态文明意识是生态文明建设的思想基础。随着生态文明意识建设的逐步深入，以及公众、消费者环境意识的逐渐加强，企业传统的生产方式会让企业面临巨大的规则压力、社会舆论压力及道德压力。我国学者陈柳钦（2000）将消费者、竞争者、行业标准、投资者纳入市场因素，认为他们都是企业经营发展过程中重要的因素。消费者偏好直接影响企业的产品设计及资源配置。企业之所以积极地实施先动型环境战略，是因为企业感知到了现有市场的不确定性及绿色市场的需求。消费者环境意识的提升能够促使消费者优先选择绿色产品，甚至支付更高价格。在竞争环境方面，绿色壁垒是企业环境行为变革的重要驱动力。融资方面，环境行为友好的企业更能获得金融机构贷款。

由此，正是生态文明在意识文明方面的建设，使越来越多的消费者开始偏好绿色产品。同时，国家政府和金融机构更愿意给予偏好生态文明行为的企业金融支持。于是，企业在生态文明意识建设下逐步产生了市场压力。

4.1.2　生态文明制度建设产生政策规制

制度保障生态文明建设，既是一项在"保护优先"价值取向下制定游戏规则的创新性工作，又是对现有制度安排的继承、改革与发展。既要正确认识其重要性、紧迫性和复杂性，又要稳慎探路、有序推进。我国环境保护事业从 1972 年起步，已走过 40 多年历程，但生态环境总体恶化的趋势仍未得到根本遏制。在历经多年理论研究与实践探索后，我们认识到资源环境问题不单单与自然原因及发展阶段有关，更与法治和体制机制等制度因素息息相关。过去，我国实行环境保护基本国策，制定了以《中华人民共和国环境保护法》为主体的一系列法律制度，出台了环境保护目标责任制、环境影响评价等基本制度。但这些制度安排的作用并没有充分发挥出来，漠视环保法律、执法不严等现象屡见不鲜。

政府是绿色增长战略实施过程的核心参与者，政府能够有效组合和运用多种规制工具，并通过合法化能力、监管职能及财政手段对企业进行影响、引导和监督。目前，我国的环境规制工具主要有命令—控制式工具、经济激励工具和自愿规制工具三种。命令—控制式工具主要通过法律法规手段设定企业环境行为准则，企业一旦逾越法律界限，将会面临巨大的违法成本。经济激励工具认为市场的规制工具能够促进绿色创新和企业环境行为。而自愿规制工具可以促进企业环境行为的实施。但不同类型的规制工具，其作用方式和作用途径不同。因此，为了加强生态文明制度建设，国家政府出台了一系列政策法规，这对企业行为产生了规制。

4.1.3 企业和管理者的态度

1. 组织与管理理论

组织在面临相同的制度环境时，由于发展战略、规模、结构、文化和资源能力的差异，会做出不同的选择。对于企业环境行为来说，有些企业能够达到政府规制范围的标准，而得到政府奖励和支持，而有些企业却宁愿冒着被罚款和被处罚的危险用抵制的态度面对政府规制。基于此问题，相关学者从组织与管理理论视角探究组织内部资源、能力、特质对其环境行为的影响。

资源基础观认为企业的竞争优势来源于企业具有"异质性"的资源，包括管理方法、员工、信息等有形和无形的资源。由于这些资源在企业间不能完全被共享和吸收，具有这些独特资源的企业更能获得竞争优势。1984 年，Warner Phil 认为建立资源壁垒的关键在于企业内部的资源，包括组织能力、知识和有形资源。因此，能够为企业带来竞争优势的资源是指具有价值性、稀缺性并难以被竞争对手模仿的资源。资源基础观认为不同企业，其内部资源的不同，是面对外部环境而做出不同反应的原因。Hart 于 1995 年提出了自然资源基础观，认为创新需要企业对其进行投资，这就需要资源和能力支持。Hart 利用自然资源基础观研究企业绿色创新所需的能力，并识别了五种关键资源，分别是基于产品和生产流程投资的常规绿色能力、针对环境问题的员工参与和培训、跨越内部职能的绿色组织能力、正式的环境管理体系和程序、考虑环境问题的战略规划。

在企业运营过程中，组织的资源并不能得到有效利用来达到边际利益最大化。组织冗余（organizational slack）于1958年由美国学者March和Simon首次正式提出。从组织资源角度出发，组织冗余资源是指多出组织真正需求的资源。这部分资源在企业中并不能发挥积极的作用，但是却被企业所掌握。然而，随着研究的不断深入，相关学者发现，由于企业并不是处在一成不变的环境中，企业在经营发展过程中也面临着环境的不确定性、市场竞争者的威胁及外部法律规制环境的变化，组织需要这部分冗余资源作为缓冲器来缓冲企业面临的外界压力。Singh（1986）从资源调配的难易程度将其分为吸收冗余和未吸收冗余，也有学者将其划分为可利用冗余、可开发冗余和潜在冗余。Voss等（2008）以资源类型不同，将其分为财务冗余、人力冗余、运作冗余、客户关系冗余。我国学者李剑力（2009）通过实证研究发现未吸收的冗余资源能够作为创新资源得以利用。

组织与管理视角下的企业生态文明建设行为影响因素研究，弥补了环境经济学和新制度主义对企业内部影响因素研究的缺失。很多学者开始从企业资源能力、管理者及企业特征等方面研究环境行为的影响因素，揭示了企业内部因素的重要性，并利用产业组织理论研究将企业放置于更加明确和细化的背景中，分析企业生态文明建设行为在特定行业和制度背景下的影响因素。然而，企业生态文明建设行为是在外部环境或压力下，基于自身情况和发展战略做出的战略反应，企业生态文明建设行为应该是内部和外部影响因素共同作用的结果。因此，组织与管理视角下的假设研究主要集中在两个方面：一是企业异质性，如不同规模的企业应对生态文明建设可能会产生不同的反应；二是管理者的态度可能会对生态文明建设产生影响。

2. 企业因素

根据资源基础观的观点，对于环境行为来说，组织需要投入资源并培养生态文明建设的能力，这取决于组织有多少可投入到环境管理中的资源。资源能力是企业行为的必要而非充分条件，是企业行为的基础。

首先，规模越大的企业越能够建立起企业应对外界环境变化、威胁、风险和压力的缓冲机制。其次，规模较大使企业在战略选择上有较大的自主空间，更易采取变革式和进取式行为。大企业更易采取前摄性的环境行为的原因与企业具备的冗余资源有关，并且管理者做出绿色决策需要考虑可用资源的情况，在有较多可利用的冗余资源的情况下，管理者更愿采取对环境有利的决策行为。在生态文明创新方面，我国学者李剑力（2009）认为未吸收冗余资源能够作为创新资源得以利用，从而促进企业的探索性、创新性。Hussey和Eagan（2007）采用SEM研究制造企业的环境行为发现，大企业与中小企业相比，前者更能积极地采取环境行为。有学者认为中小企业在绿色创新能力和绩效方面没有大企业有竞争优势，这是因为企业环境行为是对原有生产路径的变革。首先，变革需要有形资源和无形资源的投入，大企业比小企业更有实力和能力在环境管理方面进行投资；其次，变革的结果具有不确定性，相比小企业，大企业更有实力面对投资产生的风险；最后，基于利益导向，中小企业会为了眼前的经济利益放弃将资金用于绿色创新，而投资于其他短期获利项目。也有学者认为企业规模是企业实施环境行为的制约因素，中小企业比大企业更能促进绿色创新。这是因为，第一，大企业决策程序、管理标准和生产程序较为完善与复杂，一般的创新改革难以打破原有的经营路径；第二，与中小企业相比，大企业可以通过冗余资源的缓冲作用来应对政府和社区环境的压力，实施绿色创新的驱动力较弱；第三，中小企业组织规模较小，对外界的反应更加敏感，而大企业机构层次复杂，对外界的反应具有迟钝性。因此，就市场导向因素来说，中小企业更能迅速感知市场变化，促进创新能力的提高。

3. 管理者环保意识

企业行为不仅受内部资源及外部环境的影响，还与组织成员尤其是管理者的环保观念、价值观息息相关。企业在获取利润的过程中，需要各种有形和无形资源，而管理者在一定程度上对这些资源具有支配权和决策权。

通过对美国环境行为差别较大的企业研究发现，能否成功实施环境行为取决于公司的环保典范的力量，即领头羊式的人物。Bansal 和 Roth（2000）的研究证实了管理者环保意识对企业环境行为有显著影响，也显著影响企业环境战略选择。张嫚（2005）认为管理者素质是企业行为重要的内部影响因素。Lopez-Gamero 等（2010）通过 SEM 对接受 IPPC（integrated pollution prevention and control，综合污染防治与控制）律师事务所监管的 208 家企业的数据进行分析，发现管理者环保观念能够促进环保行为实施。我国学者路江涌等（2014）对我国 1268 家工业企业的实证研究表明，管理者认知显著影响企业资源贯标行为，并对政府压力和贯标行为起中介作用。

管理者在一定程度上对组织资源具有支配权和决策权，其行为决策对企业行为有决定性作用。从客观上看，外部利益相关者的环保需求和压力只是一种客观存在，并不能得到企业管理者的关注，不同企业也对其有不同的认知和解读。这种把客观压力转为感知压力的过程也就是管理者的认知过程。Sharma（2012）认为，管理者将环境问题看成是威胁还是机遇决定了企业是否实施自愿贯标行为，尤其是高层管理者的环保意愿对组织决策影响力较大。彭雪蓉（2014）通过实证研究发现高层管理者的环保风险意识和环保收益意识促进企业生态创新。Bansal 和 Roth（2000）认为管理者环保意识能够诱发企业环境行为实施的动机。因此，本章假设在生态文明建设过程中管理者环保意识会对企业行为产生影响。

4.2　企业行为分析模型构建

4.2.1　相关理论和方法

1. 行为经济学理论

传统经济学理论将参与经济个体的行为假设为"完全理性"，通过严格的数学推导提出并研究经济个体的效用最大化；对个体行为的研究也遵循公理化的数学模型；通过变量间的数量关系建立高深、复杂、精妙的数学模型并研究变量间的关系，对经济运行规律及参与个体行为进行模拟预测和研究，具有严密的逻辑性，为一般商品交换及市场运行等经济现象的分析，提供了逻辑演绎和数学定量的理性分析范式。然而，经济系统的复杂多变性及经济参与个体在信息获取及加工上的认知限制，使传统经济学理论中的"理性经济人"假设无法完全解释经济实际运行中个体行为的决策。许多学者的研究也发现，在经济运行过程中，经济个体的行为选择与传统经济学"理性经济人"和期望效用函数的理论相悖。

2002 年度诺贝尔经济学奖被授予了两位行为经济学家——丹尼尔·卡尼曼（Daniel Kahneman）和弗农·史密斯（Vernon Smith），表彰他们将心理学与经济学模型有效结合，并解释了在不确定条件下个体的行为决策。行为经济学理论将心理学的研究原理和方法应用到经济学的研究中，用于描述经济个体的选择行为。传统经济学理论认为人的行为准则是完全理性和自私自利的，行为经济学理论则认为人性中有非理性的和观念引导的成分，会受到社会价值观的制约，个体可能会做出导致利益最大化的行动选择。行为经济学家认为由个体认知偏差而产生的悖论行为，会在很大程度上取决于其他个体对这种认知偏差导致的损失的敏感程度。行为经济学对经济个体的行为反应做了深入探讨，拓宽了经济学的研究领域，并为经济个体行为研究提供了新的思路和依据，使行为经济学开始跻身主流的行列。

前景理论（prospect theory）是行为经济学研究的基础理论，由卡尼曼和 Amos Tversky（阿莫斯·特沃斯基）于 1979 年共同提出。前景理论对传统经济学的风险决策理论和主观期望效用理论进行了修正。当面临风险决策时，个体凭借"框架"和"参照点"对信息进行采集与处理，并依赖价值函数和主观概率的权重函数对信息进行判断并做出决策。前景理论的三个基本结论包括：大多数人在面临获利的时候是风险规避的；大多数人在面临损失的时候是风险喜好的；大多数人对得失的判断往往根据参考点决定。随着研究的深入，行为经济学理论已被广泛应用于金融市场、消费市场，甚至宏观经济的研究，在环境领域的研究尚处于起步阶段。生态文明建设政策约束下的企业行为决策符合行为经济学"有限理性"的假设前提，因此本书将行为经济学理论作为分析生态文明建设政策对企业行为影响的理论基础。

2. 波特假说

新古典经济学认为，环境保护政策会提高私人生产成本，降低企业竞争力，从而抵消环境保护给社会带来的积极效应，对经济增长产生负面效果。但 Porter 和 Linde（1995）认为不能简单地将环境保护与经济发展的关系一分为二对立起来。他们认为，适当的环境规制可以促使企业进行更多的创新活动，而这些创新将提高企业的生产力，从而抵消由环境保护带来的成本并且提升企业在市场上的盈利能力，这就是波特假说。

波特假说认为，环保政策对经济产生影响的主要途径是促进企业进行技术创新或采用创新性技术，虽然可能在短期内增加企业成本，但在长期内可以提升企业生产效率，提高企业竞争力，促进经济增长。波特假说也肯定了政府在协调经济增长与环保政策关系中的作用。首先，企业很难拥有对环保创新技术的充分信息，而政府在获得相关信息方面拥有天然的优势，所以政府应积极提供企业在进行环保相关技术创新和技术引进时需要的信息。其次，在解决环境问题时，政府应设计适当的机制，利用市场力量，引导企业在最大化自身利益的同时，执行环保政策。

因此，基于波特假说，本书认为生态文明建设必然会对企业产生一定的行为影响。

3. SEM

完整的 SEM 包含测量方程（measurement equation）和结构方程（structural equation）两个次模型。测量模型如式（4.1）所示，用来描述隐变量（用 η 和 ξ 表示）与测量变量（用 Y 和 X 表示）间的关系。Λ_y 和 Λ_x 表示测量变量和隐变量间的相关关系，ε 和 δ 表示测量变量 X 和 Y 的测量误差。

$$Y = \Lambda_Y \eta + \varepsilon$$

$$X = \Lambda_X \xi + \delta \qquad (4.1)$$

结构模型用来反映隐变量间的关系，如式（4.2）所示，η 表示内生隐变量，ξ 表示外生隐变量，B 和 Γ 分别表示内生隐变量和外生隐变量对因变量的影响，ζ 表示结构方程的误差项。

$$\eta = B\eta + \Gamma\xi + \zeta \qquad (4.2)$$

4.2.2　企业行为分析

1. 企业战略选择

根据波特假说可以得知，企业的战略选择是企业根据所处的外部环境及拥有的内部资源，选择适合企业的经营领域和产品，并形成核心竞争力的过程。这决定着企业的行动序列与资源配置。在管制政策下，企业战略选择的调整会遵守监管规定、制度驱动和利润绩效驱动这三大动机。然而，根据动机的不同，企业的战略选择可以分为积极型、中立型和消极型三种。以遵守政策规定为动机的企业倾向于采取消极型的环境管理战略，从成本最小化的原则出发，认为调整产品结构、转变产业发展方向、实施环境组织和创新管理会提高成本与降低利润。而中立型的企业战略则是，企业内部资源不足，无法负担较积极的环境管理战略带来的较高成本，或者是企业害怕环境政策的变化给产品结构调整带来不确定的市场风险。因此，只要现有状况就可满足环境规制的标准，企业就会更倾向于维持污染治理现状，而不进行战略选择的调整，从而产生"内源的安于现状偏差"。采取积极型战略选择的企业，则以长期可持续利润作为采取环境友好型发展战略的驱动因素，如此便能够自发地、逐渐地向低能耗、低污染产业转变，同时，能够积极推行新能源战略，介入环保产业开发。这类企业认为环境市场是竞争的重要领域，企业能够通过生产过程和生产工艺的创新使产品差异化，并且进入新产业能够为企业带来"先动优势"，而提高创新能力能够为企业获得核心竞争力；实施积极有效的环境友好型的发展战略，也能增加企业利益相关者的利益，有利于企业在市场中获得持续的资金支持、购买力和政策优惠，从而获得成本补偿及持续的利润和绩效。

生态文明意识的建设使绿色产品概念逐步扩大，同时，企业社会责任感逐渐加强。在此背景下，行业内会产生通过采取积极的环境管理战略获得较大收益的"领头羊"企业，形成应对环境问题的内部组织制度和技术标准，这些制度和标准在企业之间发展与传播。由于"领头羊"企业的存在，其他企业也认为采取积极的环境管理战略的风险可控，购买现有的创新技术的成本要小于自主创新，且新产业已初具规模效应，企业转变消极战略的收益能够弥补更多的成本。同时，迫于行业制度和行业内其他企业的战略压力，企业会放弃"安于现状"，而从消极的环境管理战略转向制定较为中立的环境管理战略。由此，得到第一个研究假设。

H$_{4.1}$：生态文明建设有利于促进企业采取积极的发展战略。

H$_{4.1}$ 基于的是生态文明建设外部的制度建设对企业产生的战略影响。除此之外，由于生态文明意识层面的建设，越来越多的民众对企业提出了更加深层次的环保要求，这对企业形成了一种新的市场压力。调查显示，在同等条件下，越来越多的消费者更加愿意选择绿色环保产品。同时，政府开始对实施绿色生态文明转变的企业给予优惠政策。

一般来说，政策制定者的立场都是以促进企业采取积极的环境管理战略为目的。然而，生态文明建设政策的规制仅对企业的污染排放、技术标准和罚款进行了严格的规定，如果企业是保守的，或者面临较贫乏的内部资源，在生态文明建设政策下就只会存在遵守规制的动机，在它们看来只要维持符合标准的排放量即可。因此，这些企业通常会产生"安于现状"的心理，甚至采用消极应对的环境管理战略。这样看来，似乎对企业实施环境规制的促进作用小于通过经济手段激励企业采取积极战略的市场导向政策，而市场压力则有利于对企业产生内在激励，其在灵活性及经济效率上更具有优势，由此，得到第二个研究假设。

$H_{4.2}$：生态文明建设政策规制对企业战略调整的促进作用小于市场压力。

规模因素对生态文明建设政策下的企业战略选择也具有重要影响，根据资源基础论的观点，企业进行的战略选择与企业的组织能力具有密切联系。不同规模的企业具有不同的组织能力，大型企业具有更多的资金、人力和技术资源，能够为有效实施积极的环境管理提供条件，具有捕捉投资商机的信息资源和投资能力；同时，大型企业内部利益相关者和外部利益相关者对企业绿色环境贡献的诉求更大。因此，生态文明建设政策下，大型企业采取积极的战略选择以获得长期可持续竞争力的动机更强。由此，得到第三个研究假设。

$H_{4.3}$：生态文明建设政策下，企业规模越大，越会采取积极的生态文明发展的战略。

2. 企业生产决策

生态文明建设政策下，企业的生产决策行为主要包括清洁燃料替代、减产、原材料回收再利用、注重调整投资结构、向环保产业及环保技术投资转变等，这些行为有利于提高企业的生产效率，降低污染排放。其中，在市场压力下，生态文明建设政策的激励作用主要体现在：能够促使企业为产生利益而采用清洁燃料替代和原材料的回收再利用；而其中的税收抵免和补贴政策也能够补偿企业减产造成的收益损失；同时，能够促进企业向环保项目和产业进行投资。而生态文明建设政策规制的激励作用主要体现在：能够通过制定不同产品和行业的排放标准、市场准入技术标准引导企业调整投资结构，由产能过剩、产品污染排放量较大的行业向排放标准和技术要求较低的新能源产品与产业转变。基于以上的分析，本书提出第四个研究假设。

$H_{4.4}$：生态文明建设政策对企业进行生产决策行为调整有积极影响。

3. 企业技术进步

在生态文明建设政策下，企业通常会采取产品创新或生产过程创新等行为，达到环境规制标准的要求，从而实现技术进步，这是波特假说的核心思想，这一假说也通过众多学者的研究而得到证实。此外，生态文明建设政策还将通过"羊群效应"（herd behavior）对企业的技术进步行为产生影响，即当一个企业掌握一项新技术并从中获得利益后，其他企业往往也会采用这项新技术，以期为自己带来同样的利益。

在所有社会中，人们的行为总是会互相影响的。一是这种行为的影响会导致彼此之间的合作，如商业伙伴在某个项目上的成功合作。二是这种影响是竞争性的，如多个公司对市场份额的争夺，或是几个职员为仅有的一个升职机会而进行的互相竞争。羊群效应通常发生在信息不对称和不确定的条件下，以描述经济个体的从众心理。在不完全信息环境下，行为主体受他人行动影响，进而忽视自己的私人信息而模仿他人进行行为选择，期望能够获得同样的收益，这样做风险比较低。在生态文明建设政策的约束下，企业与政府间、企业与企业间信息往往是不对称的，且企业采取自主创新和技术进步行为的结果具有较大的不确定性，企业会通过观察、学习已获得利益的企业或行业中的"领头羊"企业采取的行为，进行自己的行为决策。如果企业发现行业中的"领头羊"企业或大部分企业在生态文明建设政策下，通过进行技术进步实现了环境绩效与经济绩效的大幅度提升，那么它也倾向于采取技术进步行为，以避免被行业和市场淘汰。由于生态文明建设更容易对竞争力强的大型企业产生技术进步的激励作用，并将通过这些"领头羊"企业对其他企业起示范作用，这会对整个行业的企业产生技术进步的激励作用。由此，得到第五个研究假设。

$H_{4.5}$：生态文明建设政策对企业技术进步具有积极影响。

4. 企业节能环保

传统经济学假设参与经济的个体都是完全理性的"经济人"，个体在参与经济的过程中能进行完全理性并自利的决策，经济体在经济主体追求个体利益最大化的动机和行为中能够达到一般均衡，并实现帕累托最优。然而，对现实中经济主体行为选择的种种研究表明，经济主体的行为选择并非以完全的自利追求为向导，而是在一定程度上考虑到与其他经济个体或群体的交互性经济行为，在实现个体利益的同时甚至做出一定程度的牺牲来使自己与其他个体之间达到互利，使经济个体或群体福利实现超"帕累托最优"，即互惠性偏好，它是行为经济学的一个重要理论。

在生态文明建设政策下，企业投资建设的节能环保设备需要耗费大量的成本，该成本可能远大于排放污染带来的罚款成本，理性的"经济人"会维持企业生产经营现状，选择缴纳排污罚款，因为这样对获得利润影响不大，且投资成本低、风险确定。但是，互惠性偏好理论表明，在生态文明建设政策下，企业采取节能环保行为的投资额即使大于排污罚款额度，企业也很有可能进行节能环保的选择，因为这样有利于实现和监管部门及社会公众的利益协调。因此，虽然采取节能环保行为需要付出较高成本，但是这可能使企业自身和其他个体之间达到互利，在实现企业自身良好社会形象的同时，提升全社会环境绩效，从而促使企业在生态文明建设发展政策下，倾向于采取节能环保的行为选择。由此，得到第六个研究假设。

$H_{4.6}$：生态文明建设政策对企业节能环保行为选择具有积极影响。

4.2.3 模型构建

企业行为因素包括很多方面，Stern 和 Oskamp 在 1975 年从个体环境行为研究出发，以心理学理论为研究基础，将个体环境行为的影响因素分为内部因素和外部因素，认为环境行为是内外部因素共同作用的结果。Tucker 等（1998）构建企业环境行为过程模拟模型，将社会规范和个体主观规范纳入其中，认为个体态度、主观规范、行为意愿和外部因素共同决定绿色行为。企业作为社会组织，同个体一样，都受内部和外部因素的共同作用，这能够在一定程度上解释企业行为的影响因素构成。本书借鉴企业行为理论模型的思想，根据行为经济学、生态文明建设理论和组织与管理理论及前人研究，在结合贫困地区企业自身特点的基础上，从企业内部和外部两方面探讨影响企业参与生态文明建设的因素。将外部因素归纳为政策规制和市场压力，内部因素归纳为管理者环保意识和组织规模，假设企业受到内部因素和外部因素的影响产生四种企业行为。概念模型如图 4.1 所示。

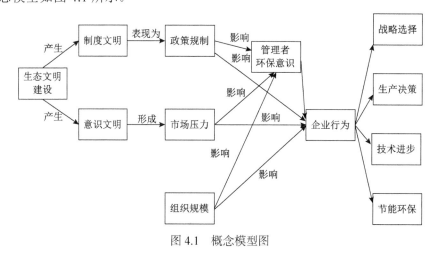

图 4.1 概念模型图

4.3　问卷设计及数据收集

4.3.1　问卷设计及量表构建

1. 问卷设计说明

1）设计目的

本问卷主要是研究生态文明建设对云南少数民族贫困地区企业行为实践的主要影响，以及有哪些影响因素，为进一步探究其内在关系收集数据。

2）设计步骤

为保障各变量测量指标和调查问卷的科学有效性，本书的问卷设计主要分三个阶段进行。

文献分析阶段：搜集国内外相关的学术论文、报告、著作等资料，提取与本章相关的变量的测量指标，为本调查问卷奠定基础。

专家咨询阶段：访谈和咨询相关领域专家及云南少数民族贫困地区的相关政府人员，并请他们对本书中变量的测量指标提出建议，对题项进行删减和合并。

预调研阶段：本阶段主要以调查问卷的方式进行，并在问卷的最后设置开放性问题，供答卷者提供建议和意见。收回预调研结果后对数据进行分析，删除均值和方差较小的题项，根据反馈修改原有题项，使问卷语言更通俗易懂。最后，确定本次研究调查的问卷内容，共包括 4 个变量、14 个测量题项。

2. 量表构建

本调查问卷在开始部分对调查目的、内容和保密性等做了基本简单的说明，并给出了作答指导。问卷共包含三部分正式内容：被调查者的基本信息、生态文明建设对企业行为的影响、企业行为影响因素。

1）被调查者的基本信息

被调查者的基本信息共包含 4 个题项，如表 4.1 所示。根据变量要求，在组织资源维度方面本书采用了行业类别和行业规模作为测量维度。在预调研过程中，根据研究者对八个县县情的了解，去除这些县不存在的行业，由此将所属行业设置为制造业、建筑业、住宿和餐饮业、农林牧渔业、采矿业、其他六个选项；职位层级设置了高层、中层、基层三个选项；根据《云南统计年鉴 2016》①可知，表 1.1 所列示的贫困县几乎没有国有企业和中外合资企业，因此本书认定调查的企业均为民营企业；而通过对企业的实地走访和调查，本书将企业员工数设置为10 人及以下、11～100 人、101～500 人、500 人以上。

---

① 资料来源：云南省统计局. 2017. 云南统计年鉴 2016[M]. 北京：中国统计出版社

表 4.1　被调查者的基本信息

被调查者的基本信息
企业所属行业：①制造业；②建筑业；③住宿和餐饮业；④农林牧渔业；⑤采矿业；⑥其他
您的职位层级：①高层；②中层；③基层
所在企业所有制结构：民营企业
员工数：①10 人及以下；②11～100 人；③101～500 人；④500 人以上

2）生态文明建设对企业行为的影响

经过文献研究，本书界定了生态文明建设背景下的企业行为，具体包括战略选择、生产决策、节能环保、技术进步四个维度，共 14 个题项。首先，根据企业战略理论，企业在面临可能为其带来收益或损失的外部环境时，需要根据自身的资源选择合适的经营领域和管理方式，以充分利用外部机会，规避或减少外部威胁的影响。自然环境已成为当前社会最重要的战略问题，在政府实施生态文明建设政策的外部环境影响下，向低能耗、低污染产业转变，加强节能产品的创新和推广，推行新能源战略是企业应当采取的环境管理战略。同时，企业在生态文明建设的背景下，积极介入环保产业开发，采取产业转变策略。

在生态文明建设发展政策的影响下，企业的生产决策也会进行相应的调整，国家相关文献将"开展清洁生产计划情况""清洁燃料替代情况""原材料回收与利用情况"作为企业生产决策调整的三个方面。根据波特假说，企业在生态文明发展政策的影响下会进行技术进步行为的调整。参照 Downing 和 White（1986）对企业技术进步行为的研究，将"节能设备改造力度""节能工艺改造力度""节能技术创新程度""企业整体创新能力"等四项作为测量企业技术进步行为的测量项。购买环境友好型原材料是企业在生产环节采取的环保行为，建立环境管理体系、强化内部管理制度、对员工进行环保培训是企业从内部管理的层面采取的环保行为，增加环保投资总额、减少污染排放是企业在污染治理层面采取的环保行为。

生态文明建设政策对企业行为影响的测量量表如表 4.2 所示。其中对于企业战略选择行为情况的 A_{11}～A_{13} 题项设置"无此计划、在商讨中、正在转变、刚刚开始、已经选择"五个选项，对于生产决策行为、技术进步行为、节能环保行为的 A_{21}～A_{23}、A_{31}～A_{34}、A_{41}～A_{44} 设置"完全不符合、基本不符合、不确定、基本符合和完全符合"五个选项。

表 4.2　　生态文明建设政策对企业行为影响的量表构建

研究构面	子维度（测项）
战略选择行为	A_{11} 向低能耗、低污染产业转变情况
	A_{12} 积极推行新能源战略情况
	A_{13} 积极介入环保产业开发
生产决策行为	A_{21} 开展清洁生产计划情况
	A_{22} 清洁燃料替代
	A_{23} 注重原材料回收再利用
技术进步行为	A_{31} 节能设备改造
	A_{32} 节能工艺改造
	A_{33} 注重节能技术创新
	A_{34} 整体创新能力提高
节能环保行为	A_{41} 购买环境友好型原材料
	A_{42} 建立环境管理体系
	A_{43} 强化内部管理，促进节能减排
	A_{44} 减少排放

3）企业行为影响因素

企业行为影响因素主要分为政策规制、市场压力和管理者环保意识三个变量，测量量表如表 4.3 所示。关于政策规制变量的测量量表，本书主要借鉴相关学者对于企业外部驱动力中政策规制维度的测量指标，共 5 个题项；市场压力变量的测量量表主要借鉴张小军（2012）对于企业环境行为和利益相关者压力的测量题项，并根据本章对市场压力的界定，剔除与市场因素无关的测量指标，共 3 个题项。管理者环保意识主要采用潘霖（2011）对管理者环保意识的测量量表，从生态文明思想理念、生态文明知识及生态文明行为方面进行评价，共 4 个题项。对于这些因素均设置"完全不符合、基本不符合、不能肯定、基本符合和完全符合"五个选项。

表 4.3　影响因素测量表

研究构面	子维度（测项）
政策规制	B_1 制定排放标准
	B_2 罚款措施
	B_3 监督措施
	B_4 环境影响评价制度
	B_5 出台生态文明优惠政策

续表

研究构面	子维度（测项）
市场压力	C_1面向的消费者生态文明需求高
	C_2同行业竞争者实施生态文明行为
	C_3生态文明行为影响到企业在金融机构的信誉
管理者环保意识	D_1生态文明建设是每个公民应尽的义务
	D_2我非常关注生态文明建设问题
	D_3我了解我国的生态文明建设环保政策与法规
	D_4我在工作中积极推进生态文明建设

4.3.2 数据收集与样本描述

1. 数据收集

根据研究设计，本书经过专家调研和小范围预调研之后形成最终调查问卷。为保证后续研究顺利开展，依据工商管理实证调查方式和方法，本书最终确定调查对象、调查方法及样本量。

1）调查对象

研究者根据选取行业进行调研，在企业所属行业中选择"其他"的问卷视为无效问卷，本书不予考虑。数据均来自这八个贫困县的相关企业。

2）调查方法

为提高数据的科学有效性，保证问卷回收率，本书采用实地调研访谈、专业会议参与者调研、邮寄问卷和通过网络途径发放问卷等多种形式进行。为了保证数据的有效性，研究者首先进行了预调研，即前往寻甸县进行了实地调研，主要通过走访相关企业，对企业总经理及相关政府工作负责人进行问卷调研和面对面访谈；通过昆明理工大学国家自然科学基金项目"云南少数民族贫困地区生态文明建设的关键因素和有效路径研究"开展的学术会议进行专业会议参与者调研，对与会者中的企业家进行问卷调研和访谈；并通过微信、QQ 和 E-mail 的形式发放问卷。

3）样本量

正式调研阶段共发放问卷 356 份，回收 301 份，删除多选、答案无差异、漏填，以及行业属性为"其他"的问卷 46 份，有效问卷 255 份，有效率为 84.7%。本问卷共有 26 项题项，符合样本量与可观测变量的题目数比例至少为 5∶1 的标准。SEM 适用于大样本的分析，样本数量越多，SEM 分析的稳定性与各种拟合指标的适用性越好，通常样本规模在 200 以上，SEM 的分析结构较为稳定。因此，本书的样本数量适合采用 SEM 分析。

研究采用的量表主要依据行为经济学理论和组织管理理论，并参照了前人对生态文明建设政策、企业行为的研究，以及对少数民族贫困地区企业相关负责人的访谈结果进行构建。量表包括生态文明建设对企业行为的影响因素、企业行为现状两个层面，7 个研究构面，26 个测量项。问卷的设计来源于量表构建，测量项目的衡量采用利克特五级量表，1～5 代表对测量描述的同意程度。数据回收情况较好，满足使用 SEM 进行分析的样本容量要求。对数据信度和效度进行检验的结果也显示，问卷回收数据的有效性较好。本书在对问卷测量项进行修正后，最终得到可信、有效的问卷结构和数据，为实证检验提供了可靠的数据基础。

2. 描述性统计分析

本书对生态文明建设政策下的企业行为和企业行为影响因素的各维度分别进行了描述性统计分析，主要包含均值、标准差等统计信息，分析结果见表 4.4。通过表 4.4 可以看出，企业行为 4 个维度的平均值无较大差别，均维持在 3.1～3.3。节能环保和技术进步的标准差最大，说明不同的企业在技术进步这一方面可能表现出较大的差别。由于调查问卷采用的是利克特五级量表，而根据描述性统计分析表（表 4.4）可以得知，变量均值都在 3.1～3.3，表示生态文明建设情况不容乐观。而从影响因素的三个维度可以发现，市场压力的标准差最大，可以表明在面对市场压力时不同企业的表现也有很大的差别。各变量的均值及标准差如表 4.4 所示。

表 4.4　描述性统计分析表

变量	政策规制	市场压力	管理者环保意识	战略选择	生产决策	技术进步	节能环保
均值	3.18	3.21	3.11	3.20	3.13	3.22	3.18
标准差	0.6962	0.7246	0.6520	0.7421	0.7535	0.7572	0.7670

4.3.3　测量有效性检验

1. 信度检验

信度（reliability）是指同一维度下各变项间的内部一致性（internal consistency）及量表内部结构的整体一致性的情况。信度越高，表示测量项的误差值越低，测量具有稳定性。当一个研究主题（或构面）由多个项目组合，每个项目都与主题相关时，一般采用克龙巴赫 α 系数值作为信度的判断标准，克隆巴赫 α 系数能够较准确地反映测量项目的一致性程度和量表结构的良好性，适合同质性检验。克龙巴赫 α 系数≥0.6 表示比较可信，≥0.7 表示可信，≥0.9 表示十分可信，即各指标间的内部一致性高。

本书对量表中各研究构面进行可靠性分析的最终结果如表 4.5 所示。信度分析的结果显示，量表各因子的克龙巴赫 α 系数均在 0.7 以上，属于可信度范围。量表总体的克龙巴赫 α 系数为 0.943，再次说明量表的内部一致性程度较高，量表通过信度检验。

表 4.5　各研究构面信度分析结果

因子	克龙巴赫 α 系数	题项数目	量表克龙巴赫 α 系数
政策规制	0.846	5	
市场压力	0.861	3	
管理者环保意识	0.832	4	
战略选择	0.833	3	0.943
生产决策	0.857	3	
技术进步	0.921	4	
节能环保	0.932	4	

2. 效度检验

效度检验的指标有表面效度（face validity）、准则效度、建构效度（construct validity），本书主要检查问卷的表面效度和建构效度。

表面效度，也称为内容效度或逻辑效度，指的是测量的内容与测量目标之间是否适合。研究的相关调查指标来源于多种文献，同时为了使指标更加适应相关区域的特色，研究团队进行了专家咨询和预调研。在相关专家咨询和预调研的结果反馈的基础上，本书对指标进行了修改和完善，使相关指标符合测量的目的和需求。建构效度包括同质效度、异质效度和语意逻辑效度。根据查阅文献发现，绝大多数研究者检验问卷调查的效度都采用了 SPSS 的探索因子分析。因此，本书采用 SPSS 21.0 对测量题项和影响因素进行探索性因子分析。

1）因子分析适度性检验

在进行因子分析前，本书需要对量表中的各题项进行因子分析适度性检验。一般认为，KMO 值大于 0.6 就可以进行因子分析，各因子累计方差贡献率达到 60%以上，则表明量表的建构效度达到可接受水平。

本书将量表分为两部分，一部分为企业行为影响因素，另一部分为企业行为。我们使用 SPSS 21.0 对量表中两部分题项进行因子分析适度性检验，结果如表 4.6 所示。结果表明，企业行为影响因素量表中所有题项的 KMO 值为 0.930，适合做因子分析；巴特利特球形度检验统计值为 6745.014，显著性概率为 0.000，拒绝零假设，认为变量适合进行因子分析。

表 4.6　企业行为影响因素因子分析适度性检验

取样足够度的 KMO 度量		0.930
巴特利特球形度检验	近似卡方	6745.014
	DF	107
	Sig.	0.000

　　而从表 4.7 企业行为因子分析适度性检验可看出，企业行为分析因素量表中所有题项的 KMO 值为 0.927，适合做因子分析；巴特利特球形度检验统计值为 5764.32，显著性概率为 0.000，拒绝零假设，认为变量适合进行因子分析。

表 4.7　企业行为因子分析适度性检验

取样足够度的 KMO 度量		0.927
巴特利特球形度检验	近似卡方	5764.32
	DF	107
	Sig.	0.000

2）探索性因子分析

　　通过了巴特利特球形度检验分析后，本书采用主成分分析法，按照特征根大于 1 的标准和方差极大旋转法，利用 SPSS 21.0 进行分析。对生态文明建设政策变量进行因子分析，提取了两个主成分因子，累计贡献率 70.122%，各测量项分别落在两个因子上，因子旋转负荷量如表 4.8 所示，各因子旋转负荷均大于 0.7，说明政策构面的收敛效度较好。从影响企业行为的 12 个测量题项中提取 3 个主因子，包括：①政策规制因子；②市场压力因子；③管理者环保意识因子。三个因子累计贡献率 86.051%，旋转成分矩阵见表 4.8。

表 4.8　影响因素旋转成分矩阵表

研究构面	测项	因子旋转负荷		
		因子 1	因子 2	因子 3
政策规制	B_1	0.743		
	B_2	0.814		
	B_3	0.834		
	B_4	0.875		
	B_5	0.810		
市场压力	C_1		0.718	
	C_2		0.882	
	C_3		0.824	

续表

研究构面	测项	因子旋转负荷		
		因子1	因子2	因子3
管理者环保意识	D_1			0.783
	D_2			0.823
	D_3			0.789
	D_4			0.872

对企业行为构面进行因子分析的结果显示，企业行为的 14 个测量项都落在了 4 个因子上，累计方差贡献率80.812%。企业行为旋转负荷矩阵如表 4.9 所示，各测量项的因子旋转负荷均大于 0.6，表明企业行为构面的收敛效度较好。

表 4.9　企业行为旋转负荷矩阵表

测项	因子旋转负荷			
	因子1	因子2	因子3	因子4
战略选择 1			0.790	
战略选择 2			0.831	
战略选择 3			0.835	
生产决策 1				0.823
生产决策 2				0.816
生产决策 3				0.816
技术进步 1		0.820		
技术进步 2		0.836		
技术进步 3		0.890		
技术进步 4		0.762		
节能环保 1	0.690			
节能环保 2	0.802			
节能环保 3	0.864			
节能环保 4	0.810			

4.4　实证检验

本书提出的理论假设模型中使用的各概念，无法通过直接观察或测量得到，而是通过问卷调查中的多个外显指标间接反映，这就是统计分析中的隐变量。传统的统计分析方法并不能妥善处理潜变量之间的关系，因此，需要选择合适的实证检验方法，即选择 SEM 进行实证研究。研究中的自变量包括 3 个：政策规制、市场压力及管理者环保意识；因变量包括战略选择、生产决策、技术进步、节能环保。同时，自变量和因变量还具有抽象、主观、不可观测及因果关系复杂等特征。因此，适合采用 SEM。

　　SEM 的评价指标主要有 CMIN/DF 小于 3，GFI 大于等于 0.9，CFI 大于等于 0.9，NFI 大于等于 0.9，IFI 大于等于 0.9，RMSEA 小于 0.08 等。在下面的分析中，本书采用这几项指标对模型的拟合性进行评价，并根据标准化路径系数对假设进行检验。根据提出的研究假设，实证分析部分采用的 SEM 如图 4.2 所示。

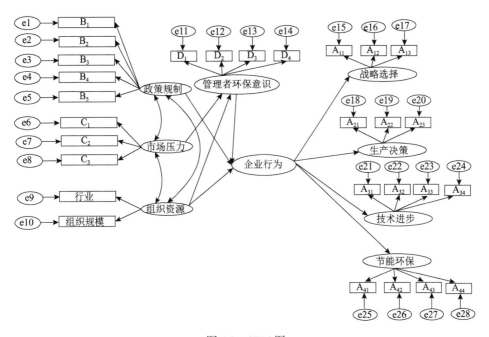

图 4.2　SEM 图

　　运用 AMOS 7.0 对基本方程模型进行估计后的拟合结果显示（表 4.10），CFI、NFI、NNFL、IFI 的值均大于 0.9 的参考值，RMSEA 为 0.075，小于 0.08 的参考值，CMIN/DF 为 2.795，小于 3，表明模型拟合效果较好，只有 GFI 为 0.846，略低于优良拟合标准，但在 0.8～0.9 的可接受区间内，参照其余拟合优度指标，本书认为该模型的拟合优度较好，路径系数估计值可信。

表 4.10　SEM 路径系数估计结果

结构模型路径	标准化路径系数	标准误差	临界比值	*p* 值
政策规制→战略选择	0.114	0.092	1.972	0.071
政策规制→生产决策	−0.122	0.041	−1.983	0.061
政策规制→技术进步	0.394***	0.068	6.693	<0.001
政策规制→节能环保	0.206*	0.060	2.051	0.040
市场压力→战略选择	0.356***	0.064	5.142	<0.001
市场压力→生产决策	0.326***	0.036	4.242	<0.001
市场压力→技术进步	0.073	0.045	1.287	0.200
市场压力→节能环保	0.086	0.038	1.743	0.083
管理者环保意识→战略选择	0.334***	0.058	1.782	<0.001
管理者环保意识→生产决策	0.323***	0.035	1.349	<0.001
管理者环保意识→技术进步	0.087	0.056	1.353	0.221
管理者环保意识→节能环保	0.092	0.023	1.862	0.083
战略选择→生产决策	0.562***	0.048	6.186	<0.001
战略选择→技术进步	0.424***	0.048	7.292	<0.001
战略选择→节能环保	0.094	0.041	1.899	0.060
技术进步→节能环保	0.620***	0.068	9.110	<0.001

注：拟合优度指标中 CFI=0.923，NFI=0.900，NNFI=0.917，IFI=0.923，GFI=0.846，RMSEA=0.075，CMIN/DF=2.795
***表示 *p*<0.001；*表示 *p*<0.05

4.4.1　讨论

1. 政策规制对企业行为的影响

表 4.10 显示，生态文明建设政策规制对企业战略选择影响的标准化路径系数不显著，仅为 0.114。其原因可能是生态文明建设政策规制与生态文明建设带来的市场压力相比，具有短期效应，制定的政策更倾向于期望企业在短期内取得直接效果。生态文明建设政策规制能够通过直接规定企业的排污量水平，使企业更倾向于采用成本较低的末端治污方法，直接降低排污量，而相对不重视在产品全周期过程进行清洁生产和销售以降低排污量的方法，即生态文明建设政策规制对企业将环保问题纳入总体战略规划的激励作用不显著。

生态文明建设政策规制对企业生产决策行为的影响也不显著，其标准化路径系数为−0.122，这可能是由于生态文明建设政策规制运用严格的排放标准和技术标准对企业的行为进行约束，同时比较倾向于对企业污染治理和技术创新产生直接影响，而对企业调整生产数量、原材料使用等生产工艺和流程方面的决策及调整不具有直接作用。

生态文明建设政策规制对技术进步和节能环保的直接影响显著，标准化路径系数分别是 0.394 和 0.206，可见政策规制对技术进步的影响效果最大。生态文明建设政策规制对企业技术进步具有比较重要的正向影响作用，这与波特假说相一致。

2. 市场压力对企业行为的影响

生态文明建设带来的市场压力对企业战略选择的直接影响最大，标准化路径系数为 0.356。生态文明建设带来的市场压力较为灵活，通过政府给予节能减排企业金融支持及消费者的绿色生态偏好等经济刺激手段，对企业的影响具有长期效应。因此，在市场压力下，企业倾向于采取具有长期利益导向的生态文明建设发展战略。市场压力对企业的生产决策具有直接的促进作用，其标准化路径系数为 0.326。

市场压力对企业提高技术水平的直接影响不显著，但是可以通过对战略选择的影响而对技术进步产生间接促进作用。市场压力对企业提高技术水平的间接影响路径为市场压力→技术进步，通过计算两条子路径（市场压力→战略选择，战略选择→技术进步）系数相乘，得到间接效应 0.151，同时考虑市场压力对企业技术进步直接影响的标准化路径系数，得出市场压力对企业提高技术水平影响的总效应系数为 0.224，小于生态文明建设政策规制对企业技术进步的直接促进作用（标准化路径系数为 0.394）。这一结果表明，企业进行技术进步的行为更多受到生态文明建设政策规制的约束。这可能是由于生态文明建设政策直接对企业的技术水平提出严格要求，对企业采取技术进步行为具有直接的作用和规制效应。另外，由于行业中大多数企业的技术进步行为遵循"羊群效应"的特征，市场压力对企业技术进步的影响往往通过"领头羊"企业体现出来后，行业内的其他企业才会选择相应的技术进步行为，因此，市场压力对企业技术进步的影响可能并不直接。

市场压力对企业节能环保行为也没有直接影响，标准化路径系数仅为 0.086，但是能够通过战略选择的中介作用对技术进步产生影响，并进而对节能环保行为产生间接影响。由于企业战略选择和技术进步行为的中介效应的存在，市场压力对促进企业采取节能环保行为影响的总效应系数为 0.263，小于生态文明建设政策规制对节能环保行为影响的总效应系数 0.391（生态文明建设政策规制对节能环保行为影响的标准化路径较为复杂，由于篇幅所限，本书在此不列示），说明企业决定是否采取节能环保行为也是更多地与生态文明建设政策规制的约束程度有关，其主要动机是满足政策规制的强制性要求，市场压力的影响程度不大。

3. 管理者环保意识对企业行为的影响

管理者环保意识尽管对企业行为的影响不是直接的，但从表 4.10 中可以得出，管理者对生态文明建设的态度最直接影响的就是企业的战略选择，标准化路径系数为 0.334，尽管一个企业要进行战略选择所要考虑的因素有很多，但是如果管理者的态度是积极的，那么企业就更容易实施积极、友好的生态文明建设战略。而从表 4.10 中同时可以发现，管理者的态度对企业生产决策的影响也较大，其标准化路径系数为 0.323。但是对技术进步和节能环保的影响较小，标准化路径系数分别是 0.087 和 0.092，可以这么认为，企业的经营方向和生产决策可能会受到管理者环保意识的影响，但是企业的技术进步和节能环保等行为不只是管理者的个人意志，还需要整合多方面的资源，包括企业的多余资金、企业的技术人才等。

4. 规模差异对企业行为的影响

在模型构建中，考虑到企业规模作为企业内部的一个影响因素，不同规模的企业在生态文明建设下，可能会产生不同的反应。为了进一步分析生态文明建设政策下，企业规模差异对其行为选择的影响，本书在基本模型中加入企业规模变量作为控制变量，模型的拟合结果如表 4.11 所示。表 4.11 显示，生态文明建设政策下，企业规模对企业的战略选择和生产决策行为具有显著的直接正向影响，标准化路径系数是 0.145 和 0.141。这是由于大企业拥有良好的内部资源和系统的治理结构，具有推行新能源战略、投入环保产业开发及调整投资方向的资金投入与组织研发能力。此外，大企业污染排放量较大，更容易受到法律和社会的关注及监督，同时，考虑到经济效益等硬竞争力和社会形象等软竞争力的树立与保持，大企业通常会采取主动的环境管理战略和商业投资决策，以获得竞争的先动优势和良好的社会形象，进而对企业的行为调整起导向作用。另外，小企业在生态文明建设政策的约束下，则面临更多的内部和外部障碍。与污染排放的罚款成本相比，小企业采取积极的生态文明建设战略，并转变投资方向需要负担更大的成本，因此小企业的管理者通常不倾向进行生态文明建设战略的转变。很多学者的研究也指出，企业规模与积极的环境管理战略间有显著的正向关系，即大企业更愿意采取积极的环境管理和创新战略，而小企业则更少采取积极的环境管理战略。

表 4.11　考虑规模差异的模型拟合结果

结构模型路径	标准化路径系数	标准误差	临界比值	p 值
政策规制→战略选择	0.135*	0.092	1.672	0.041
政策规制→生产决策	−0.022	0.041	−1.283	0.061
政策规制→技术进步	0.106*	0.068	6.793	0.041
政策规制→节能环保	0.106*	0.060	2.251	0.040

续表

结构模型路径	标准化路径系数	标准误差	临界比值	p 值
市场压力→战略选择	0.388***	0.064	5.145	<0.001
市场压力→生产决策	0.346***	0.026	4.236	<0.001
市场压力→技术进步	0.298***	0.045	1.276	<0.001
市场压力→节能环保	0.087	0.038	1.736	0.083
管理者环保意识→战略选择	0.345*	0.025	1.564	0.040
管理者环保意识→生产决策	0.299***	0.047	1.984	<0.001
管理者环保意识→技术进步	0.234***	0.032	2.423	<0.001
管理者环保意识→节能环保	0.028*	0.026	1.973	0.039
战略选择→生产决策	0.550***	0.043	6.186	<0.001
战略选择→技术进步	0.097	0.048	7.246	0.060
战略选择→节能环保	0.428***	0.041	1.988	<0.001
技术进步→节能环保	0.620***	0.068	9.225	<0.001
企业规模→战略选择	0.145**	0.032	2.731	0.007
企业规模→生产决策	0.141**	0.045	2.871	0.005
企业规模→节能环保	−0.002	0.037	−0.123	0.941
企业规模→技术进步	−0.043	0.016	−0.152	0.332

注：拟合优度指标：CFI=0.932，NFI=0.899，NNFI=0.923，IFI=0.913，GFI=0.846，RMSEA=0.072，CMIN/DF=2.695

***表示 $p<0.001$；**表示 $p<0.01$；*表示 $p<0.05$

表 4.11 还显示，在生态文明建设政策下，企业规模对节能环保行为（购买环境友好型原材料，建立环境管理体系等）和技术进步行为没有显著的直接影响，标准化路径系数分别是−0.002 和−0.043。但通过企业战略选择这一中介变量能够促进企业采取节能环保和技术进步行为。大企业在采取积极的环境管理战略中，会考虑选择节能环保和技术进步行为。如果采取消极的环境管理战略，那么由于大企业具有良好的组织能力和创新能力，其必然也会采取节能环保和技术进步行为。

通过以上分析，得到如下主要结论。

（1）生态文明建设政策规制对企业技术进步、节能环保有直接的正向影响，且影响较为显著，如表 4.10 所示。企业战略选择和生产决策两种行为对政策规制的反应效果较小。市场压力对企业战略选择的影响最直接，其次是对生产决策方面的影响，对企业技术进步和节能环保两种行为的直接影响不显著。

（2）企业战略选择对企业技术进步和节能环保行为起着重要的中介作用。战略选择是生产决策、技术进步及节能环保的重要前提。换句话说，企业对生态文明建设政策规制的第一反应是进行什么样的战略调整。战略选择对生产决策、技术进步、节能环保等都有显著的积极影响。在政策规制下，市场压力和技术进步将进一步促进节能环保行为的改变。一方面，企业能够从采取技术创新中获得污染排放治理的相关技术；另一方面对生产工艺进行创新能够使企业在生产中使用环境友好型原材料、循环使用副产品，在提高生产效率的同时减少污染排放。因此，在生态文明建设政策规制下，企业的技术进步对其节能环保行为具有重要的影响作用。

（3）组织资源对企业的战略选择会产生一定的差异化影响。这说明组织资源在企业的生态文明建设过程中扮演着一个重要的角色。同时表明企业的异质性是影响企业实施生态文明建设行为的一个重要因素。

（4）管理者环保意识会影响企业的战略选择和生产决策行为，但是对技术进步和节能环保行为的影响较小。可以这么认为，企业的经营方向和生产决策可能会受到管理者环保意识的影响，但是企业的技术进步和节能环保等行为不只是管理者的个人意志，还需要整合多方面的资源，包括企业的资金力量、企业的技术人才等。

4.4.2 建议

根据理论和实证分析的结果，本书提出以下建议。

第一，积极发挥生态文明带来的市场压力作用。与政策规制相比，市场压力对企业选择积极、环保的发展战略有重要的影响，因为生态文明建设带来的市场压力可以鼓励企业实现长期可持续发展。因此，在生态文明建设的背景下，注重发挥生态文明市场化政策的作用，促进企业采取积极的环境管理战略和环境管理行为，进而有利于实现生态文明建设的经济发展目标。

第二，注重政策规制和市场压力下的生态文明建设。生态文明建设政策规制和生态文明建设市场压力会对企业产生不同的影响：生态文明建设政策规制会对节能环保建设和技术进步产生显著的积极作用；而市场压力会对企业的战略选择和生产决策行为产生积极影响。因此，我们需要注意协调生态文明制度建设和生态文明意识建设。同时，政府应该制定和出台相关政策，对积极参与生态文明建设的企业给予一定的金融支持和财政补贴，同时加强政策教育，引导更多的企业意识到生态文明建设的重要性。

第三，在生态文明建设政策的背景下，应注意指导部分企业产生"羊群效应"。"羊群效应"的存在使公司在开展生态文明企业行为时，会更加注重参考大部分行业或行业的领导者。因此，生态文明建设政策的制定和实施应注意有行业领先性质的企业，只有使这些企业在行业中发挥示范作用，才能更好地推行和促进相关企业节能减排与其他生态文明建设行为。

第四，因为企业和行业规模的差异，政府需要实施相对灵活的生态文明建设管理。目前，生态文明建设政策规制（如政府使用标准政策限制企业排放污水的行为），通常倾向于制定一个统一的标准。实证研究结果表明，生态文明建设的政策规制对不同规模企业的影响是不同的。此外，根据经济学原理，统一标准不能达到最有效的污水处理水平，无法实现将污染成本控制在最低水平。因此，在环境保护行政标准（行政）管理政策和行政法律中引入市场机制，建设市场化政策工具。

第五，企业在生态文明建设过程中，应注意战略选择和技术进步调整。从实证结果可以看到，战略选择影响生产决策，同时战略选择影响生产技术的进步和节能环保行为的产生。在生态文明建设的背景下，企业会开始考虑选择一个积极的环境管理策略，推动企业技术进步，进一步促进节能环保行为。对于少数民族贫困地区而言，它们的地区生产总值和生产技术水平都相对较低。对这种企业而言，政府刚好可以从头完善企业的生产技术，并让少数民族贫困地区的企业认识到企业战略的调整和生产技术的进步可以为它们带来更多的利益。这就需要政府在生产技术进步这一方面给予适当的帮助，而企业自身也应多学习或者开展这一方面的培训。

第六，从调查研究看来，云南少数贫困地区的企业管理者对生态文明建设有一定的认识，但是对这方面的认识还是不足。而从实证研究发现，管理者环保意识对企业进行积极的战略选择有一定的影响。因此，政府可以健全多种方式的生态文明建设宣传和环境反馈渠道。伴随着网络等新媒体的出现，以及互联网和手机移动网络使用者数量的急剧增长，在少数民族贫困地区，生态文明建设的宣传不应只局限于报纸、广播、电视等传统传播渠道，而应通过多渠道进行多种方式的生态文明建设宣传，提高公众生态文明建设意识。同时应建立环境问题双向反馈渠道，使公众发现环境问题并能够及时、方便地反馈到相关部门，如建立环保热线、环保在线平台及环保监测手机 APP 等方式。在此基础上，相关部门也要对反馈者做出切实的问题回复，通过切实有效的双向反馈渠道，使每个公民方便、有效地参与到环保监督之中，实现自己的社会价值。

第5章 少数民族贫困地区生态文明建设中的人力分析

　　生态文明建设要求人们在改造客观世界的同时，不断克服改造过程中的负面效应，积极改善和优化人与自然、人与人的关系，建设有序的生态运行机制和良好的生态环境。云南少数民族贫困地区经济发展相对落后，结构调整缓慢，城乡居民增收困难。形成这一状况有多种因素，其中各类人力没有得到合理配置是重要因素之一。当前，少数民族贫困地区人力流动主要集中在单向流动，即人力从该地区流出，而流出后少有人力流回。由于贫困地区经济的落后性，人力流动基本保持只出不进的状态，这样的人力状况对该地区造成以下问题：一是大量耕地被抛荒，农村青壮年人力大量流失，一些地方开始出现农忙季节缺人手，务农人力老龄化、副业化，使"谁来种地"的问题极为突出；二是"三化"（农业人口兼业化、老龄化、妇女化）现象严重，导致"空心村"大量出现，农村开始呈现出凋敝的景象。同时，在没有提高贫困地区生产效率的前提下，无止境的人力单向流出也给流入城市带来了巨大压力。首先，城市居民和从贫困地区流入的外来人力之间形成一种社交屏障。这种社交屏障使外来人力在制度和心理环境上被排除在城市环境之外时，倾向于不能够很好地遵守法律法规。加上城市某些政策不完善，执法效率低下，一定程度上导致了社会秩序混乱和犯罪率上升，为社会管理增加难题。其次，城市街头日益人满为患，公共交通承载力严重不足，人口与住房比例失调，环保卫生问题成堆。这些情况干扰了城市居民往日的生活，也给缺乏管理大量外来人力经验的政府造成了一定压力。因此，云南少数民族贫困地区要想实现生态文明建设，必须引导人力合理流动，使人力分布与经济需求、地域需求相结合，人力密度与环境相协调，人力资源得到充分利用，这样才能达到既缓解城市失业问题的目的，也为贫困地区发展而需要的人力打下坚实基础的目的。因而对少数民族贫困地区进行人力双向流动影响因素的研究，并提出建议，对该地区生态文明建设具有极为重要的战略意义。

人力双向流动是人力资源优化配置的重要途径。人力双向流动是指人力从少数民族贫困地区流出，同时有人力从其他地区流回少数民族贫困地区，这两种方向相互并存的人力流动。有文献指出，人力流动已经由单向地从农村流出，逐渐变成流出和流回的人力双向流动。他们或是因为积攒够经验和资金回乡创业，或是因为在城市中学到知识，带着知识回乡镇企业就业，也或是因为城市中没有合适的就业岗位而被迫离开城市回到农村。人力双向流动，一方面可使贫困地区人力"带资进城"，加快城镇化建设；另一方面，在外面工作学习的人力愿意回到贫困地区也可以如愿以偿，把学习到的知识运用到贫困地区，解决实际问题，"带资带技术下乡"，在乡下生活、工作、投资。把没有生命力、没有活力的物质资源转化为有活力、有增值能力的物质资本，转化为社会财富，加速贫困地区脱贫致富的进程，带动农村地区经济可持续发展和基础设施建设，达到良性循环发展的目的。同时对于城市来说，可减少交通压力、医疗压力、教育压力。促使各类人力在贫困地区及其他地区两个空间中，在进行合理双向流动之后达到互利共赢的目的，实现少数民族贫困地区经济健康发展且可持续发展的目标。

5.1　推拉理论

推拉理论的起源可以追溯至 19 世纪，英国学者莱温斯坦（Ravenstein）提出的人口迁移法则。他认为经济因素是推动人口迁移的主要动机，其他影响因素包括地理环境、生活条件、自然气候等。何勃拉、米歇尔认为迁出地的推力，如缺乏土地、缺乏就业机会、缺乏基本生存设施、发生自然灾害等，以及迁入地的拉力，如更多的就业机会、较高的收入、较好的前景、更好的生活设施等共同影响人口的迁移行为。20 世纪 60 年代，美国学者 Lee 更详细地解释了推拉理论，包括四个方面的内容。

其一，影响迁移的因素。影响迁移的因素包括迁入地和迁出地的推拉因素、中间阻碍因素（如迁移距离和成本）、个人因素（如年龄、经验、个性、对东西的认知与评价都会影响个人的迁移决定）。

其二，人口迁移的流量。影响人口迁移流量的因素：①地区间的人口差异越大，人口迁移的流量越大。②地区间的人口差异越小，人口迁移的流量就越小。③克服中间阻碍越困难，人口迁移的流量越小。④经济繁荣期的人口迁移流量超过经济衰退期。

其三，迁移的流向。人口迁移跟随过去的迁移路径，具有特定的方向性。伴随着每个迁移流都有一个反向共同存在。原因可能如下。移民在到达迁入地之后其拉力因素减小，通过迁移开阔了视野，决定回乡创业，经济移民在到达目的地后返回家乡，其中涉及流向效率的问题。流向效率指的是主迁移人口流量与反迁移人口流量之比。为了反映人口迁移的流向效率，可以通过计算人口迁移流向效率指

数。两个地区间的人口迁移，其人口迁移流向效率指数公式为

$$\mathrm{IE} = \frac{K \times M_{ij} M_{ji}}{M_{ij} + M_{ji}} \qquad (5.1)$$

其中，M_{ij} 为从区域 i 迁移到区域 j 的迁移人数；M_{ji} 为从区域 j 迁移到区域 i 的迁移人数；K 为系数，是常数。

其四，迁移者的特征。移民有明显的年龄、教育、职业、性别特征，这些特征来源于迁出地人口特征和迁入地人口特征。有些人因为主要受到推力因素被迫迁移，此为负向迁移；有些人因为拉力因素而主动迁移，此为正向迁移。迁移的过程具有双向的性质。

5.2　人力流动分析

根据云南省八个少数民族贫困县统计年鉴、政府工作报告、云南省流动人口监测数据，本书统计得出人力流动的情况，如表 5.1 所示。

表 5.1　流出人力数、人力流出率、流出流回比（2011～2015 年）

县名	流出人力数/人				
	2011 年	2012 年	2013 年	2014 年	2015 年
禄劝县	51 537	51 529	51 667	52 194	52 481
寻甸县	24 626	24 626	24 712	24 950	25 542
维西县	9 167	9 234	9 122	9 223	9 144
双江县	7 220	8 651	9 806	10 070	10 239
兰坪县	9 967	10 023	10 101	10 123	8 708
漾濞县	7 044	6 990	7 013	7 120	7 340
孟连县	9 256	9 287	9 367	9 456	9 680
西盟县	11 430	11 430	11 452	11 463	11 946
县名	人力流出率				
	2011 年	2012 年	2013 年	2014 年	2015 年
禄劝县	10.910%	10.889%	10.910%	10.930%	10.970%
寻甸县	6.154%	6.122%	6.102%	6.128%	6.230%
维西县	5.950%	5.958%	5.885%	5.944%	5.870%
双江县	5.320%	5.843%	6.124%	5.921%	5.520%

续表

县名	人力流出率				
	2011 年	2012 年	2013 年	2014 年	2015 年
兰坪县	4.742%	4.706%	4.674%	4.622%	3.920%
漾濞县	6.921%	6.814%	6.808%	6.872%	7.020%
孟连县	6.831%	6.774%	6.788%	6.792%	6.890%
西盟县	12.613%	12.477%	12.416%	12.392%	12.820%

县名	流出流回比（流出人力/流回人力）				
	2011 年	2012 年	2013 年	2014 年	2015 年
禄劝县	5.711	5.710	5.718	5.745	5.777
寻甸县	2.452	2.450	2.430	2.435	2.480
维西县	4.281	4.220	3.997	4.042	3.887
双江县	3.503	3.863	3.996	3.791	3.467
兰坪县	2.471	2.426	2.356	2.324	1.867
漾濞县	2.083	2.056	2.067	2.112	2.229
孟连县	2.022	2.031	2.049	2.068	2.187
西盟县	4.960	4.965	4.975	4.980	5.298

资料来源：云南八个少数民族贫困县统计年鉴；2012～2016 年八个少数民族贫困县政府工作报告；云南省流动人口监测数据

　　根据表 5.1 中少数民族贫困地区流出人力数、人力流出率、流出流回比，首先，可以看出各个县流出人力数呈上升趋势，其中双江县增长最明显，从 2011年 7220 人增长到 2015 年 10 239 人，增加了 3019 人流出。其次，可以看出人力流出率也一直保持较高比率且呈增长趋势。除了人力流出率相对较低的兰坪县从 2011 年 4.742%降到 2015 年 3.920%，以及维西县出现小幅下降，从 5.950%降到 5.870%，其余各县人力流出率均有上升，并且呈现出人力流出率越高越难以下降的特点。这可能是因为这些地区经济太过落后，人们一旦流出后不愿再回到家乡，并且可能会影响到周边人群也会随之流向城市，以追求更好的生活。最后，根据人力流出流回比可以看出，流出人力都是远远多于流回人力。最低的孟连县也保持在平均每年 2.071 的水平，即平均每年流出人力是流回人力的2.071 倍。变化最大的西盟县这一比值不仅高，还呈现出不断上升的趋势，即从2011 年 4.960 上升到 2015 年 5.298，这样下去意味着人力不断流出，将为少数民族贫困地区的经济发展带来隐患。可以想象未来贫困地区的人力不断流失，这些少数民族贫困地区的土地将无人耕种，种植业出现老年化倾向，农业生产后继乏人，严重影响地区经济发展。

表 5.2 表明，在这些流出人力中大部分都是从农村流出的人力，且呈上升趋势。这一特点在少数民族贫困地区更加明显。农村流出人力占流出人力中的比重不断上升，这一比例从 2011 年的 94.89%到 2015 年的 96.37%，上升了 1.48 个百分点。根据 2015 年全国流动人口调查数据，全国这一比例为 86%。少数民族贫困地区农村流出人力比例足足高出全国平均值 10.37 个百分点，这说明少数民族贫困地区有更明显的人力流出趋势，跟全国相比少数民族贫困地区面临的形势更加严峻，大量人力流失，农村土地荒芜，乡镇企业招工难，发展举步维艰，"空心村"遍布，老龄化严重等问题，与其他地区的经济增长差距拉大。分析这一趋势的原因可能是：第一，少数民族贫困地区基础设施不完善，县乡企业与城市企业水平差距较大，难以吸纳更多农村剩余劳动力就业，难以发挥蓄水池作用；第二，贫困地区收入水平与城市相差大，人口为了摆脱低收益的农业生产或相对封闭的农村环境，追求更高的收益和更好的生活环境，因而争相流出。

表 5.2　农村流出人力情况

年份	流出人力/人	农村流出人力/人	农村流出人力所占比例
2011	69 629	66 071	94.89%
2012	83 920	79 993	95.32%
2013	102 338	97 753	95.52%
2014	119 783	115 123	96.11%
2015	132 928	128 103	96.37%

资料来源：李善荣，罗淳，云南省卫生和计划生育委员会流动人口服务管理处. 2015. 云南流动人口发展报告：2012—2014[M].昆明：云南大学出版社

5.2.1　人力流出分析

贫困地区流出人力整体受教育水平的低下，导致他们流向城市后更多从事商业/服务业，农、林、牧、渔、水利业及生产运输业，而担任国家机关/党群组织/事业单位负责人、专业技术人员、公务员/办事员等相关职位的人力相比较少。由图 5.1 可知，少数民族贫困地区流出人力中从事商业/服务业的流动人口相加占比连续四年不断上升，从 2011 年的 39.60%上升到 2014 年的 55.14%，上升了 15.54个百分点；另外，从事生产运输设备操作人员工作的流动人口相加占比近四年呈下降趋势，从 2011 年的 25.40%下降到 2014 年的 18.25%，下降了 7.15 个百分点；此外，从事农、林、牧、渔、水利业生产人员工作的流动人口相加占比也呈下降的趋势，从 2011 年的 24.78%到 2014 年的 20.05%，下降了 4.73 个百分点。值得注意的是，流出人力中担任国家机关/党群组织/事业单位负责人及公务员/办事员等职位的流动人口相加占比几乎微乎其微，2011～2014 年相加占比分别为 1.01%、1.30%、0.77%、0.39%，还呈明显下降趋势，说明国家机关等这些行政单位对少

数民族贫困地区的流出人力来说壁垒越来越高，想要从事这些工作越来越困难。整体来看，流出人力主要从事第三产业，总体就业层次不高，根据 2014 年的流动人口动态监测数据可知，少数民族流出人口就业单位主要为个体工商户，占比 40.87%，远低于汉族的 62.01%，其次为私营企业，占比 25.32%，明显高于汉族的 14.49%，机关、事业单位与国有及国有控股企业、外资或中外合资企业仅占 5.53%。

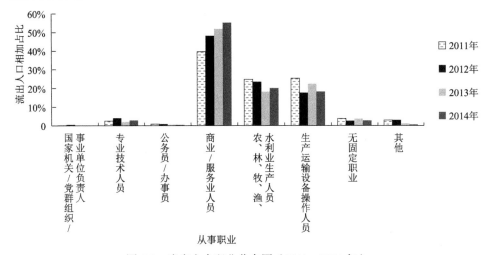

图 5.1　流出人力职业分布图（2011～2014 年）

这说明流向城市的人口整体就业质量低，主要集中于进入门槛不高、收入较低的职业中，而一些技术含量较高、有一定社会保障的职业则很难进入。同时说明：当前少数民族贫困地区的流出人口，基本属于平行式空间位移，即流出人口仅是在工作内容和工作场所上有改变，而实质性的、具有社会意义的垂直流动则很少发生。或许只有努力培养下一代才有可能实现这种垂直向上的社会流动。

农村流出人力和城市本地人力的月均收入也有不小差别，如图 5.2 所示，尽管农村流出人力和城市本地人力月均收入都呈上升趋势，分别从 2011 年的 2202元和 2615 元增长到 2014 年的 2815 元和 3428 元。但是，农村流出人力月均收入四年增长 613 元，而城市本地人力月均收入增长了 813 元，农村流出人力月均收入增长相对缓慢，并且与城市本地人力月均收入差距越来越大，从 2011 年相差413 元到 2014 年相差 613 元。由此可见，一方面农村流向城市的人力由于相对缺乏一技之长，其收入增长乏力；另一方面反映出城市人力市场可能存在歧视性待遇，本质上是一种户籍歧视的存在，导致农村流出人力收入增加缓慢，城乡收入差距拉大。

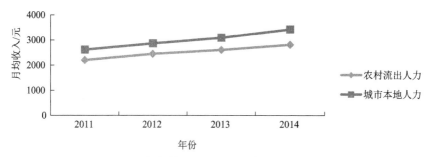

图5.2　2011～2014年农村流出人力与城市本地人力月均收入趋势图

根据云南流动人口监测数据可知,2011～2014流动人口家庭住房性质主要为租住私房,各年基本保持平稳,约占2/3,有不到9%的人租用单位雇主房,即每年将近3/4流动人口依靠租房居住,高于全国同期平均水平。这说明,流动人口的住房以租住私房为主,这类私房大多集中在城郊结合部的城中村,租金虽然便宜,但是居住条件简陋,缺乏相应的配套设施,相应的安全保障也较为缺乏。另外,自建房或自购房比例从5.3%降到2.4%,均低于全国平均水平,其他的流动人口居住在就业场所、其他非正规居所、借住房、政府提供的廉租房。值得注意的是,这些流动人口租住在政府提供的廉租房中的比例在近几年仅为0.1%～0.2%,这说明,政府对流动人口的关注还远远不够。此外,流动人口居住在非正规居住场所的比例有上升,从2011年的1.2%上升到2014年的2.6%,这一现状值得引起关注与深思,流动人口居住在非正规场所的比例越高,说明其居住费用所占收入的比例越高,同时其安全与发展缺乏应有的保障,这甚至会引发社会治安问题。

5.2.2　人力流回分析

少数民族贫困地区由于经济发展滞后、生态环境脆弱,其人力流出进程加快,而人力流回现象较为少见。从表5.3可以看出,人力流回率基本维持在1.3%～3.5%,这与3.9%～12.8%的人力流出率相差甚大。人力流回率相对较大的漾濞县和孟连县2015年还出现了下降趋势,分别从3.324%、3.374%下降到3.150%、3.150%。可以看出人力流回存在一定瓶颈,这可能的原因在于创业环境欠佳、乡镇企业发展缓慢、社会保险(简称社保)不完善,不能适应、满足和吸引更多的人力流回,带动贫困地区经济发展。具体表现为以下几点。

表5.3　2011～2015年少数民族贫困地区人力流回情况

县名	总人数/人				
	2011年	2012年	2013年	2014年	2015年
禄劝县	472 464	473 276	473 715	477 504	478 201
寻甸县	400 163	402 262	404 986	407 133	409 991

续表

县名	总人数/人				
	2011 年	2012 年	2013 年	2014 年	2015 年
维西县	154 062	154 976	155 002	155 170	155 780
双江县	135 715	148 065	160 129	170 062	185 482
兰坪县	210 179	212 992	216 112	219 021	222 154
漾濞县	101 775	102 583	103 012	103 616	104 555
孟连县	135 500	137 100	138 000	139 232	140 500
西盟县	90 620	91 607	92 237	92 500	93 185

县名	流回人力				
	2011 年	2012 年	2013 年	2014 年	2015 年
禄劝县	9 564	9 548	9 539	9 463	9 324
寻甸县	8 925	8 942	9 181	9 242	9 060
维西县	2 141	2 188	2 282	2 282	2 352
双江县	2 063	2 239	2 454	2 657	2 953
兰坪县	4 024	4 132	4 287	4 356	4 665
漾濞县	3 383	3 400	3 392	3 371	3 293
孟连县	4 572	4 572	4 572	4 572	4 425
西盟县	2 302	2 302	2 302	2 302	2 255

县名	人力流回率				
	2011 年	2012 年	2013 年	2014 年	2015 年
禄劝县	2.024%	2.018%	2.014%	1.982%	1.950%
寻甸县	2.231%	2.223%	2.267%	2.270%	2.210%
维西县	1.390%	1.412%	1.472%	1.471%	1.510%
双江县	1.520%	1.512%	1.533%	1.562%	1.592%
兰坪县	1.915%	1.940%	1.984%	1.989%	2.100%
漾濞县	3.324%	3.315%	3.293%	3.254%	3.150%
孟连县	3.374%	3.335%	3.313%	3.284%	3.150%
西盟县	2.540%	2.513%	2.496%	2.489%	2.420%

资料来源：云南八个少数民族贫困县统计年鉴

1）继续教育水平差，流回人力能力水平出现退化

因为经费少、投入低，少数民族贫困地区人才的再教育、再培训往往流于形

式，有名无实，致使吸引来的外来城市人力长期"吃老本"，知识结构得不到及时更新。由党政机关组织的人力培养计划，很多都是政策宣传多，知识和技术含量不高，对人力培养和发展的实际帮助作用不够。企业也因为规模小、资源少，无力对专业技术类人力进行集中培训。以上问题会导致流回的人力发挥不了他们应有的价值，他们待不住也不愿再回来。贫困地区缺乏这些新血液的流回，最终会反映到经济社会的发展中，人力的观念陈旧导致新技术、新设备更新速度比较慢，区域经济的整体效率就会降低，与发达城市的差距就会进一步拉大。

2）乡镇企业发展困难，难当蓄水池角色

最近几年，乡镇企业的发展每况愈下，在设备、资金、技术等方面与城市企业差距较大。究其原因，主要有以下几点：一是乡镇企业的社区属性降低了乡镇企业和小城镇对城乡劳动力的吸引力；二是乡镇企业的产权关系模糊，制约了乡镇企业的进一步发展；三是乡镇企业的家族色彩浓烈，对人力的双向流动造成了很大的阻碍。

3）农村社会保障不健全

农村社会保障不完善，这使一部分愿意回流到农村的人力因害怕失去基本的生活保障而不想脱离原单位，而技术人才也担心离职后的工资、职称、社会保障会丧失。这些因素在不同程度上都阻碍了人力的流回。

5.2.3 人力双向流动分析

少数民族贫困地区的特殊性使大量人力从该地区流出，造成人力结构与经济和生态条件不协调，不仅产生诸多"城市病"，而且因为少有人力愿意回到贫困地区工作、创业，为该地区发展做出贡献，使贫困地区发展更加困难。因而打通人力双向流动通道，促进人力科学配置对经济社会发展有着重要意义。

一方面，人力是从经济不发达地区流向经济发达地区，由劳动报酬率低的地区流向劳动报酬率高的地区，这种流动可以提高贫困地区人力的收入水平，帮助他们脱贫致富。同时，由于大量的人力离开了贫困地区，人力绝对数量减少，这降低了贫困地区的密度，大大减轻了当地有限土地资源的压力。由于劳动边际报酬递减规律的作用，这些地区的劳动生产率会随人力数量的减少而提高，从而提高人均收入水平。种植业在这方面的作用更加突出，人力减少会提高人均耕地面积，有利于土地规模经营。

另一方面，贫困地区不仅缺乏资金，还缺乏文化素质高的人力、懂得科技的人力、经营管理的专业人力等，但是人力资源流动对流出地人力资本增长效应是显著的。当人力从贫困地区流出，经过市场经济、城市文明的熏陶，接受技术培训后，一旦重返贫困地区，就成为贫困地区发展紧缺的人力资本。同时他们回流到贫困地区传播外来的观念，带来信息及先进的技术和经营管理经验，这都有助于贫困地区脱贫致富。

因此，人力的双向流动有助于活跃城乡人力市场，推动城乡人力资源的余缺调剂和个人专长的发挥，从而使人力资源合理分配，为各地区协同发展带来人力支持，进一步促进少数民族贫困地区经济社会发展。

5.3　人力双向流动影响因素识别

5.3.1　研究设计

1. 问卷的设计

关于人力双向流动的影响因素研究，国内外学者主要有以下观点。Huo 等（2016）发现人均 GDP 与人口流动规模有着线性的相关性，王桂新和潘泽瀚（2013）、李强（2003）则进一步研究发现城镇人均收入，即经济影响力是影响人口流动的首要因素，同时人口规模、距离也是主要影响因素，但是户籍制度的存在也会削弱其影响力。而李树苗等（2014）则发现雇佣形式不同、受雇工作中的公平性影响流动。Bednaříková 等（2016）和王晓峰等（2014）调查发现年龄、性别、婚姻、学历、家庭人口数、有无外出经历因素对流动决策具有显著影响。从社会的角度来说，李拓和李斌（2015）提出城市的公共服务能力和相对收入水平，是城市吸引外来人口的首要因素；Cao 等（2015）认为废气污染和流动人力的生活环境是推动人口流动的重要指标；Kaplan 等（2016）提出城市的社交网，即是否融入城市与人们是否愿意流动有着密切关系。段娟和曾菊新（2004）认为，影响城乡劳动力双向流动的主要障碍包括：户籍制度的影响，城乡社会保障制度不健全，农民自身的素质障碍，乡镇企业发展面临多重障碍，城乡统一的劳动力市场发育存在缺陷。Hare（1999）认为个人的教育程度、健康状况等人力资本特征影响人的流动性。曹洋等（2008）采用经典的人口流动推拉重力模型，对人口流动的各种影响因素进行实证研究，结果表明，流入地相比于流出地，收入越高、教育水平越高，越能导致人口流动；流回城市失业率越高，越会抑制人口流回。乡镇企业的发展和乡村工业化对农村剩余劳动力的转移与城乡互动发展产生着深远的影响。

通过文献分析，本书从社会、经济、环境、政治、技术五方面及相关文献提出 15 个指标设计问卷。另外采用利克特五级量表，根据被调查者的感知，将变量分为"非常不同意""不同意""不确定""同意""非常同意"五个度量，分别赋值 1～5 分，并将反向问题转化为正向得分。问卷主要包括三个部分：第一部分为调查对象基本情况，共包含 8 个指标，分别为性别、婚姻状况、年龄、教育水平、工作情况、技能、需赡养家庭成员人数、家庭财产。第二部分是人力双向流动的流出影响因素调查部分，共包含 15 个指标，从社会、经济、环境、政治、技术五方面及相关文献共设计 15 个指标进行调查。其中社会影响因素下面有户籍歧视的影响、城市中找工作的时间、城市中的培训机会、城市户籍的获取意愿。经济影响因素有家庭财产、城市工作的薪酬、外出打工对农业收入的影响。环境影响因素下有居住情况、赡养家庭成员人数。政治影响因素下有城乡劳动力市场是否公平、政府是否引导及法律影响和社保影响。技术影响因素下有工作技能掌握程度和教育水平。第三部分是人力的流回部分，也是从社会、经济、环境、政治、技术五方面及相关文献共设计 15 个指标进行调查，分别对外出工作的时间、在外找不到工作、乡镇企业与城市企业差别、年龄较大或身体不好、社会关系网络的好坏、家庭财产、已经赚足钱或学会技术、外出打工对农业收入的影响、在外居住情况、赡养家庭成员人数、家庭人均耕地较多、城乡劳动力市场是否公平、农村税务的减免优势、教育水平、工作技能掌握程度进行调查。

依据可操作性与科学性结合，普遍性与代表性结合，研究者主要在各种老乡微信群中发放问卷，最终回收 232 份问卷，剔除无效问卷 31 份，共计有效问卷 201 份。实地调查地点选在寻甸县。寻甸县地处云南省东北部，是集民族、贫困、山区、老区"四位一体"的国家级扶贫开发重点县，有 6 个贫困乡镇、69 个贫困行政村，2010 年建档立卡贫困户 19 043 户 6.33 万人，总人口 41 万人，居住着汉族、回族、彝族、苗族等 16 种民族，少数民族人口 11 万人，占寻甸县总人口的 21.8%。

2. 量表的信度与效度分析

为了检验问卷的有效性与准确性，本书运用 SPSS 21.0 对两部分数据进行信度及效度分析。

1）信度分析

信度代表的是量表的一致性与稳定性，可分为内部信度和外部信度，内部信度的分析方法有很多，常以克龙巴赫 α 系数来估计，克龙巴赫 α 系数越大，表示该变量各个题项的相关性越大，即内部一致性程度越高。一般情况下，认为克龙巴赫 α 系数 ≥0.6 表示比较可信，≥0.7 表示可信，≥0.9 表示十分可信。

本书对两份问卷分别进行信度分析，结果如表 5.4 所示。

表 5.4 信度分析

维度	项数	克龙巴赫 α 系数
人力流出	15	0.758
人力流回	16	0.733

由表 5.4 可知，人力流出问卷 15 个题项的总体克龙巴赫 α 系数为 0.758，高于 0.7，表示人力流出问卷的信度比较好；人力流回问卷 16 个题项的总体克龙巴赫 α 系数为 0.733，高于 0.7，表示人力流回问卷的信度也比较好。两部分问卷都具有比较好的信度，具有一定的可靠性与一致性。

2）效度分析

效度分析是对检测量表的有效性和准确性进行分析的方法，较多地使用因子分析来进行建构效度的检测。要判断量表是否适合进行因子分析，首先要对量表进行 KMO 检验和巴特利特球形度检验，KMO 统计量的主要作用是检测采集样本的充足性，检验变量间的偏相关性的大小，KMO 值一般分布在 0~1，越接近 1，越适合做因子分析。一般 KMO 值在 0.7 以上表示量表适合进行因子分析，0.6~0.7 尚可进行，0.5~0.6 勉强可进行因子分析，而小于 0.5 则不太适合进行因子分析。巴特利特球形度检验是对变量之间是否相互独立进行检验。当其 p 值达到显著性水平时（$p<0.05$），适合进行因子分析。本章若通过 KMO 检验和巴特利特球形度检验得出数据的效度，KMO 值高于 0.7，巴特利特球形度检验达到显著，则表示效度较佳。

本书对进行人力流出和人力流回调查的数据分别进行 KMO 检验和巴特利特球形度检验，如表 5.5 和表 5.6 所示，人力流出数据的 KMO 值为 0.763，高于 0.7，巴特利特球形度检验的近似卡方为 450.202，其相伴概率接近于 0，达到显著水平，通过 KMO 检验和巴特利特球形度检验，表示人力流出数据具有较好的效度。人力流回数据的 KMO 值为 0.714，高于 0.7，巴特利特球形度检验的近似卡方为 323.906，其相伴概率接近于 0，达到显著水平，通过 KMO 检验和巴特利特球形度检验，表示人力流回数据具有较好的效度。因此，问卷均具有一定的有效性与准确性，数据可以用来进一步做其他分析。

表 5.5 人力流出数据效度分析

KMO 检验和巴特利特球形度检验		
取样足够度的 KMO 度量	0.763	
巴特利特球形度检验	近似卡方	450.202
	DF	105
	Sig.	0.000

表 5.6 人力流回数据效度分析

KMO 检验和巴特利特球形度检验		
取样足够度的 KMO 度量	0.714	
巴特利特球形度检验	近似卡方	323.906
	DF	120
	Sig.	0.000

3. 误差反向传播算法神经网络及阻尼最小二乘法算法模型

采用误差反向传播算法的多层前馈人工神经网络（或称多层感知器）（multilayer perceptron，MLP）称为 BP（back propagation，反向传播）神经网络或 BP 人工神经网络（back propagation artificial neural network）模型。BP 神经网络具有以下几方面明显的特点。

1）分布式的信息存储方式

神经网络是以各个处理器本身的状态和它们之间的连接形式存储信息的，一个信息不是存储在一个地方，而是按内容分布在整个网络上。网络上某一处不是只存储一个外部信息，而是存储了多个信息的部分内容。整个网络对多个信息加工后才存储到网络各处。因此，它是一种分布式存储方式。

2）大规模并行处理

BP 神经网络信息的存储与处理（计算）是合二为一的，即信息的存储体现在神经元互连的分布上，并以大规模并行分布方式处理为主，比串行离散符号处理的现代数字计算机优越。

3）自学习和自适应性

BP 神经网络各层直接的连接权值具有一定的可调性，网络可以通过训练和学习来确定网络的连接权值，呈现出很强的对环境的自适应和对外界事物的自学习能力。

4）较强的容错性

神经网络分布式的信息存储方式，使其具有较强的容错性和联想记忆功能，这样如果某一部分的信息丢失或损坏，网络仍能恢复出原来完整的信息，系统仍能运行。

BP 神经网络是 1986 年由科学家 Rumelhart 和 McCelland 领导的小组提出，是一种按误差逆传播算法训练的多层前馈网络，是 ANN[①]中应用最为广泛的神经网络模型。在人工神经网络的实际应用中，80%～90%的人工神经网络模型都用的是 BP 神经网络或者是它的变形形式，它也被称为前向网络的核心部分，也体现出了人工神经网络最为精华的部分。BP 神经网络因其良好的非线性逼近能力和泛化能力及使用的易适性更是受到众多行业的青睐。如今它在函数逼近、模式识别、方式分类、数据压缩及预测等方面均有广泛的应用。

BP 神经网络是一种有隐含层的多层前馈网络，比较完整地解决了多层前馈网络中隐含单元连接权的学习问题。人工神经网络能学习和存储大量的输入—输出模式映射关系，而不必提前揭示和描述这种映射关系的数学方程。神经网络是一种单向传播的多层前馈网络，分为输入层、隐含层和输出层，层与层之间采用

---

① ANN（artificial neural network）是人工神经网络的简称

全连接方式，同一层单元之间不存在相互连接。神经网络的结构由一个输入层、一个或多个隐含层、一个输出层组成，各层由若干个神经元节点构成，每一个节点的输出值与输入值的关系由作用函数和阈值决定，神经元可以实现输入和输出之间的任意非线性映射，如图 5.3 所示。

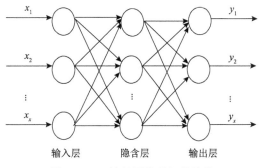

图 5.3　BP 神经网络的拓扑结构

LM（Levenberg-Marquard）算法又称为阻尼最小二乘法，是介于牛顿法和梯度下降法之间的一种非线性的优化方法，对于参数化问题不敏感，能有效地处理冗余参数问题，使代价函数陷入局部极小值的机会大大减少。其基本思想是允许其迭代过程沿误差恶化的方向搜索，不仅是沿误差的负梯度方向，并通过在梯度下降法与高斯—牛顿法之间自适应调整来改变网络权值，从而使网络有效收敛，并提高其收敛速度及泛化能力。这些特性使 LM 算法在解决曲线拟合问题上得到广泛应用。而人力双向流动的影响因素分析正是适合于曲线拟合的问题，在 BP 神经网络上运用 LM 算法进行数据量较大的曲线拟合，可以解决极小值过度拟合的情况，使人力双向流动因素的影响权重计算得更加准确。

4. LM 算法模型设计

BP 神经网络具有以任意精度逼近任意非线性连续函数的特性，通过模型中神经元的知识存储和自适应特征，建立各输入因子与目标等级之间的高度非线性映射，向输入、输出样本学习并进行自适应调整。以人力是否赞同流动作为输出，通过样本学习、训练与检测，对网络节点映射的优化目标进行调整，确定网络结构和学习参数，建立样本耦合协调值与各因子指标值之间的非线性关系，使该优化目标得到自适应均衡的节点权重，反映某项评价指标对最佳状态的调控程度。输入层具体指标对输出层的影响必定包括了输入层对隐含层、隐含层对输出层两个部分。对于权重的计算需要结合两个部分互相的影响来计算。具体计算步骤如下。

第一，需要计算输入层中各个指标对隐含层中变量的影响程度，假设每个输入层指标对每个隐含层变量都有影响，输入层影响隐含层的权重计算式为

$$a_0 = \sum_i^n \sum_j^m |W_{ij}| \qquad (5.2)$$

$$a_{ij} = \frac{\sum_j^n |W_{ij}|}{a_0} \qquad (5.3)$$

其中，a_{ij} 为输入层单个指标对于隐含层中单个变量的影响权重；i 为输入层节点；j 为隐含层节点；$\sum_j^n |W_{ij}|$ $(i=1, 2, \cdots, n)$ 为输入层单个指标对所有隐含层变量影响权重求和；a_0 为所有输入层单个指标对隐含层单个变量影响权重求和。

第二，在计算出第一部分输入层对隐含层的影响权重之后，我们需要计算第二部分，隐含层对输出层的影响权重，因为输出层只有一个指标，即影响权重的大小，所以隐含层对输出层的影响权重即为各个隐含层变量对输出层指标的影响权重比例。

$$b_0 = \sum_k^m b_k \qquad (5.4)$$

$$b_{kl} = \frac{|b_k|}{b_0} \qquad (5.5)$$

其中，b_{kl} 为隐含层对输出层的影响权重比例；k 为隐含层节点；l 为输出层节点；而 $|b_k|$ 则为隐含层单个变量对输出层指标的影响权重；$\sum_k^m b_k$ $(k=1, 2, \cdots, m)$ 为所有隐含层变量对输出层指标的影响权重求和。

第三，需要计算输入层单个指标作用到输出层的影响权重

$$S_i = a_{ij} \times b_{kl} \qquad (5.6)$$

其中，S_i $(i=1, 2, \cdots, n)$ 为输入层单个指标对输出层的影响权重。

第四，算出输出层单个指标对输出层的影响权重比例

$$p_0 = \sum_i^n S_i \qquad (5.7)$$

$$p_i = \frac{S_i}{p_0} \qquad (5.8)$$

其中，p_0 为所有输入层单个指标权重之和；p_i 为输入层单个指标对输出层的影响权重。

从上面的过程可以看出，BP 神经网络的学习和训练被分成两个阶段，在第一阶段对于给定的网络输入，通过现有连接权值将其正向传播，获得各个神经元的实际输出；在第二阶段里，首先计算出输出层各神经元的一般误差，这些误差逐层向输入层方向逆向传播，以获得调整各连接权值所需的各神经元参考误差。学习完成后的神经网络在预测时使用正向传播。在应用 BP 神经网络模拟人力是否赞成流动的过程中，不能精确知道被逼近的样本性质，因此即使在网络误差为零的条件下，也未必能保证达到要求，往往会出现非常小，但却无法满足要求的"过拟合现象"，"过拟合现象"直接影响着神经网络的泛化能力，并可能使网络最终失去实用价值。另外，BP 神经网络通过一阶随机差分方程修改连接权值，通过梯度下降算法，不可避免地会陷入局部最优，并且收敛速度较慢。因此，为了提高影响力大小拟合的效果，利用 LM 算法对 BP 神经网络进行改进。LM 算法的运算步骤如下。

（1）给定初始点 $X^{(0)}$，精度 o，$k=0$。

（2）对 $i=1, 2, \cdots, M$ 求 $f_i(X^{(k)})$，得向量 $f_i(X^{(k)})=[f_1(X^{(k)}), \cdots, f_m(X^{(k)})]^{\mathrm{T}}$，对 $i=1, 2, \cdots, M$，求得 $J_{ij}(X^{(k)}) = \dfrac{\partial f_i(X^{(k)})}{\partial X_j}$，Jacobi 矩阵 $J(X^{(k)}) = [J_{ij}(X^{(k)})]$。

（3）解线性方程组 $[J_{ij}(X^{(k)})^{\mathrm{T}} J(X^{(k)}) + \zeta^k I]h^{(k)} = -J_{ij}(X^{(k)})^{\mathrm{T}} f(X^{(k)})$ 求出搜索梯度方向 $h^{(k)}$。

（4）直线搜索，$X^{(k+1)} = X^{(k)} + \lambda_k h^{(k)}$，其中 λ_k 满足 $F(X^{(k)} + \lambda_k h^{(k)}) = \min\lambda F(X^{(k)} + \lambda_k h^{(k)})$。

（5）若 $\left\| X^{(k+1)} - X^{(k)} \right\| < \varepsilon$，则得到解 X_{opt}，停止计算；否则继续（6）。

（6）若 $F(X^{(k+1)}) < F(X^{(k)})$，则令 $\zeta_k = \zeta_k / \xi$，$k = k+1$，转向（2）；否则 $\zeta_k = \zeta_k^* \xi$，转向（3）。

首先令仿真中的初始参数 $\zeta_k = 0.01$，经过上述的反复迭代计算之后达到上述计算条件并求解出 $\xi = 10$。

5. 数据分析及讨论

从 201 份问卷中得出的双向流动人力的基本情况调查表（表 5.7）结果来看，流出到城市的人力占比达到 69.2%，而人力流回占 30.8%。当下人力流出且能够在城市留下的只能占到六成，农村人力长期在城市工作的情况不容乐观。参与双向流动的人力当中，男性人数远远多于女性，比例接近 65.2%，外出打工的主力军依旧是男性。对于年龄层的分布，其中 26～45 岁的年龄层在所受调查的人数中占到了大约 69%的比例，体现出年龄较小的人力或年龄较大的人力进行双向流动的占比较小，人力双向流动的主力军依旧是青年和中年人。

表 5.7　双向流动人力基本情况调查表

项目	项目分类	比例	项目	项目分类	比例
性别	男	65.2%	婚姻	未婚	30.1%
	女	34.8%		已婚	68.7%
掌握技能程度	不会技术	14.2%		离异	1.2%
	有一门技术，但不熟练	27.8%	教育水平	初中及以下	14.7%
	熟练掌握一门	35.2%		高中	56.3%
	熟练掌握一门以上	22.8%		中专	13.5%
工作情况	专业技术人员	27.2%		大专	9.2%
	商业/服务业人员	10.6%		本科及以上	6.3%
	农、林、牧、渔、水利业生产人员	33.8%	人力流出后	流回	38.1%
	生产运输设备操作人员	18.9%		不流回	61.9%
	公务员/办事员	3.2%	年龄	16~25 岁	18.3%
	无固定职业	4.9%		26~35 岁	30.3%
	其他	1.4%		36~45 岁	38.7%
人力流动	流出	69.2%		45 岁以上	12.7%
	流回	30.8%			

从婚姻状况来看，已婚双向流动人力占 70%左右，表明家庭可能对回流存在着一定的影响。在接受调查的人群中，高中及以下教育水平的人力达到了 71%，而教育水平在大专及以上的人力比例是 15.5%。在少数民族贫困地区，大多人力所受教育程度低下，而人均技能掌握程度也不高，根据调查数据可得，"有一门技术，但不熟练"及"不会技术"的人力占总人力的 42%，这反映出少数民族贫困地区流动人力所受教育程度低且自身职业技术竞争能力较低，而技能掌握程度较高的人力中，"熟练掌握一门"及"熟练掌握一门以上"的人力占比达到 58%。除了上述个人基本面的数据，工作情况是农、林、牧、渔、水利业生产人员占比最大，为 33.8%，生产运输设备操作人员占比 18.9%，商业/服务业人员占比 10.6%，三者所占比例达到 63.3%，而公务员/办事员占比 3.2%。除了人力双向流动的基本个人特征，根据利克特五级量表的调查数据，人力流出后是否赞同流回的指标，赞同人力不流回的比例达到 0.6，而赞同人力流回的比例只有 0.4，赞同人力不流回相较于赞同人力流回的程度更强。排除掉不可度量化的人力基础情况指标(如工种、性别、婚姻、年龄)，关于人力流出影响因素是从社会、经济、环境、政治、技术五方面及相关文献共设计 15 个指标进行调查，具体影响指标如表 5.8 所示。

表 5.8　人力流出影响因素表

影响因素类别	具体影响指标
社会影响因素	户籍歧视的影响
	城市中找工作的时间
	城市中的培训机会
	城市户籍的获取意愿
经济影响因素	家庭财产
	城市工作的薪酬
	外出打工对农业收入的影响
环境影响因素	居住情况
	赡养家庭成员人数
政治影响因素	城乡劳动力市场是否公平
	政府是否引导去城市
	法律影响
	社保影响
技术影响因素	工作技能掌握程度
	教育水平

　　为了实现基于 LM 算法的 BP 神经网络对人力双向流动因素的研究，本书运用 DPS[①]软件对其算法进行实现。在进行神经网络预测之前，为避免原始数据过大造成网络回归计算的麻木，本书要对原始指标数据进行单位化处理。将输入数据归一化到[0，1]区间，对网络的输出调用函数 postmnmx 进行数据的模拟化处理。选用基础的三层结构 BP 网络，分别由输入层、隐含层和输出层组成。其中输入层个数为 15 个，为上述人力流出指标，隐含层个数为 15 个，输出层个数为 1 个，也就是人力赞同流动的程度。采用交叉验证方式，每次使用 200 个样本对网络进行训练，然后用 10 个样本进行测试。仿真结果如表 5.9 所示。

表 5.9　误差精度为 5×10^{-5} 的仿真结果表

测试序号	迭代次数	迭代时间/s	线性相关系数
1	72	4	0.38
2	31	2	0.28
3	92	5	0.12
4	48	3	0.31

① DPS（date processing system）是数据处理系统的简称

测试序号	迭代次数	迭代时间/s	线性相关系数
5	81	5	0.41
6	43	3	0.30
7	22	2	0.21
平均	56	3.4	0.29

从表 5.9 的数据可以看出，LM 算法在迭代次数较高时可能会出现过度拟合的现象，如线性相关系数过低，使实际值与预测值反倒出现相关性降低，这可能会造成网络的泛化能力下降。预测值与实际值的关联性维持在一个正常的波动范围内，随着迭代次数的增多，精确度也在不断上升。

而预测值与实际值的误差结果如表 5.10 所示。

表 5.10　人力流出中人力赞同流动程度的检验及误差

编号	1	2	3	4	5	6	7	8	9	10
样本值	0.6	0.4	0.4	0.4	0.4	0.6	0.2	0.6	0.6	0.4
拟合值	0.599 95	0.399 96	0.399 99	0.399 96	0.400 03	0.600 04	0.199 96	0.599 97	0.599 98	0.400 02
误差	5×10^{-5}	4×10^{-5}	1×10^{-5}	4×10^{-5}	-3×10^{-5}	-4×10^{-5}	4×10^{-5}	3×10^{-5}	2×10^{-5}	-2×10^{-5}

在确定预测值满足误差范围内之后，可以计算出上述指标对流出人力中人力赞同流动程度影响的大小，结果如表 5.11 所示。

表 5.11　人力流出影响因素权重表

影响因素类别	具体影响指标	权重
社会影响因素	户籍歧视的影响	−0.10%
	城市中找工作的时间	−13.77%
	城市中的培训机会	6.53%
	城市户籍的获取意愿	9.09%
经济影响因素	家庭财产	3.13%
	城市工作的薪酬	15.79%
	外出打工对农业收入的影响	−4.75%
环境影响因素	居住情况	1.81%
	赡养家庭成员人数	11.13%

续表

影响因素类别	具体影响指标	权重
政治影响因素	城乡劳动力市场是否公平	13.93%
	政府是否引导去城市	1.88%
	法律影响	1.07%
	社保影响	5.49%
技术影响因素	工作技能掌握程度	5.18%
	教育水平	6.35%

从表 5.11 中的数据可以看出，传统观念中户籍歧视对人力流出的影响不如想象中的大，可能的原因在于人力到城市生活过程中，大多数人与人相处较为和谐，对存在的歧视并不敏感。而城市户籍的获取意愿对人力流出有 9.09% 的影响，是一个比较重要的因素，证明人力到城市打工对户籍有所期望。对于人力流出需要考虑的因素，如城市工作的薪酬及城乡劳动力市场是否公平都占主导因素，分别占比 15.79% 与 13.93%，突出的问题在于，人力现在不仅是因为城市的薪酬较高而流动，也是因为城乡劳动力市场的差异，造成同种工作在城市和农村之间的薪酬差距大而流动。出乎意料的是，人力在城市找寻工作的时间与人力双向流动愿意程度成明显的反比，即寻找工作的时间越长，人力越不愿意流动。一个在城市长期难以找到工作的人力会较大概率不愿意再次流动，可能的原因在于信心受挫，城市工作难找的意识就会扎根在心中，极其不利于人力流出的调控和分配。除了上述因素，其赡养家庭成员人数也是一个对人力流出影响较大的指标，权重达到了 11.13%，需要赡养家庭成员人数越多的人力，越愿意外出流动去城市寻找机会。城市工作的薪酬、赡养家庭成员人数、城市中找工作的时间、城市户籍的获取意愿和城乡劳动力市场是否公平，共计 5 个指标，只占 15 个指标的 33.33%，但是影响人力流出的权重却占到了 63.71%。这 5 个指标在人力流出中起着较重要的作用。而反观法律及社保对人力流出的影响是较小的，可能的原因在于知识的普及不足，以及社会制度对流出人力的保护不足，这方面对人力赞同流动程度的影响力是较低的。而城市中的培训机会和个人工作技能掌握程度虽然不是影响较大的因素，总和占比 11.71%，但这方面的影响力不能被忽视。

同样，对于人力流回，本书也基于社会、经济、环境、政治、技术五方面及相关文献共设计 15 个指标进行调查。具体影响指标如表 5.12 所示。

表 5.12　人力流回影响因素表

影响因素类别	具体影响指标
社会影响因素	外出工作的时间
	在外找不到工作
	乡镇企业与城市企业差别
	年龄较大或身体不好
	社会关系网络的好坏
经济影响因素	家庭财产
	已经赚足钱或学会技术
	外出打工对农业收入的影响
环境影响因素	在外居住情况
	赡养家庭成员人数
	家庭人均耕地较多
政治影响因素	城乡劳动力市场是否公平
	农村税务的减免优势
技术影响因素	教育水平
	工作技能掌握程度

　　在少数民族贫困地区，相较于流出的人力，流回人力会对乡镇企业和城市企业进行对比。从现状来看，城市企业不管是经济效益还是法律保护、薪酬和福利待遇，都较乡镇企业有较大的优势，所以乡镇企业与城市企业的差别，以及找工作的难易程度，是城市人力回流到农村必须考虑的。当然流回农村后的一些税务减免，以及家庭人均耕地是否在不断增多，都是影响人力流回的因素。

　　为了达到满意的误差值，我们依旧利用 10 个预测值来显示其模拟学习的精确度，由表 5.13 的数据可知，预测数据与实际数据的差额在 5×10^{-5} 的范围之内，显现出较高的模拟学习精度。

表 5.13　人力流回中人力赞同流动程度的检验及误差

编号	1	2	3	4	5	6	7	8	9	10
样本值	0.6	0.4	0.4	0.4	0.4	0.6	0.8	0.4	0.8	0.6
拟合值	0.599 97	0.400 02	0.400 01	0.399 98	0.400 01	0.600 03	0.799 95	0.399 98	0.799 99	0.600 04
误差	3×10^{-5}	-2×10^{-5}	-1×10^{-5}	2×10^{-5}	-1×10^{-5}	-3×10^{-5}	5×10^{-5}	2×10^{-5}	1×10^{-5}	-4×10^{-5}

同样地，我们利用 LM 算法可以将人力流回的指标进行模拟学习，具体调试参数选用基础的三层结构 BP 网络：其中输入层个数为 15 个，包括外出工作的时间、在外找不到工作、乡镇企业与城市企业差别、年龄较大或身体不好、社会关系网络的好坏、家庭财产、已经赚足钱或学会技术、外出打工对农业收入的影响、在外居住情况、赡养家庭成员人数、家庭人均耕地较多、城乡劳动力市场是否公平、农村税务的减免优势、教育水平、工作技能掌握程度。隐含层个数为 15 个，输出层个数为 1 个，也就是人力赞同流动程度。依旧采用交叉验证方式，每次使用 201 个样本对网络进行训练，然后用 10 个样本进行测试。实际操作中因为当中间的隐含层为 15 个时模型进行的效果较好。具体模拟学习的权重指标如表 5.14 所示。

表 5.14　人力流回影响因素权重表

影响因素类别	具体影响指标	权重
社会影响因素	外出工作的时间	−1.76%
	在外找不到工作	−4.44%
	乡镇企业与城市企业差别	−12.46%
	社会关系网络的好坏	−9.38%
	年龄较大或身体不好	3.10%
经济影响因素	家庭财产	2.95%
	已经赚足钱或学会技术	13.92%
	外出打工对农业收入的影响	7.16%
环境影响因素	在外居住情况	−9.87%
	赡养家庭成员人数	14.28%
	家庭人均耕地较多	0.50%
政治影响因素	城乡劳动力市场是否公平	11.93%
	农村税务的减免优势	0.82%
技术影响因素	工作技能掌握程度	5.92%
	教育水平	9.50%

注：由于计算系统自动四舍五入，权重 x_0 和不等于 100%，但不影响研究结果

根据表 5.14，与人力流出相比，人力在考虑是否流回的因素中，教育水平相差的权重更大，差额达到 3.15%，可能的原因在于在城市工作地区具有较高教育水平的人力，人力更加有信心在回到农村之后找到更不错的工作，所以，教育水平越高的人力其流回意愿的程度会更强，而且程度比从农村流向城市的程度更高。在人力流出的影响因素指标中，赡养家庭成员人数这个因素的权重较高，而

在人力流回的影响因素指标中，此指标的权重达到了14.28%，为所有权重中最高的，体现出当下在城市工作的人力当中有不少是考虑到家庭关系而发生流动，不管是人力流出还是人力流回都是这样。工作技能掌握程度较高的人力反倒更愿意流动，人力流出或是人力流回都是如此，但是对人力流回中的人力赞同流动程度的影响不如教育水平高。

在人力流回的影响因素中，家庭财产对人力流回中人力赞同流动程度的影响力较对人力流出中人力赞同流动程度的影响力更低，其原因可能是在城市工作的农村人力因为经济条件相对较好，对于家里的财产情况，考虑得并不是很多，导致家庭财产对人力流回的影响力降低。城市居住条件较差，可能会造成人力回流到农村的流动意愿更强，即是一种正向关系。而在农村能获得的税务减免优势对人力赞同流动程度的影响力较低，原因可能是教育及知识的不足，如果能够由政府牵线进行一系列的教育和培训，我们相信也会是一种可以调控人力双向流动的好方式。影响力较大的因素是需要赡养家庭成员人数、已经赚足钱或学会技术、城乡劳动力市场是否公平、乡镇企业与城市企业差别，这些指标所占权重均在11%以上。因此，解决好薪酬问题及建立良好、公平的城乡劳动力市场依然是控制人力双向流动的主要方面。乡镇企业和城市企业差别也是一个与流动人力息息相关的问题，在人力赞同流动程度的权重中达到12.46%，因为流动人力不仅在这些地方工作，更要融入当地的社会生活，一个好的企业环境带来的不仅是就业，更带来的是这个地区的发展，所以乡镇企业与城市企业差别也是一个值得注意的方面。人力流回影响因素中权重较大的还有社会关系网络的好坏。社会关系网络的好坏在人力流回的影响因素中对人力赞同流动程度的影响力达到了9%以上，这是一个值得重视的数据，农村人力在城市能否待下去，是否愿意待下去，需要有较强的融入感作支撑，农村人力往往因为无法进入城市新朋友圈，无法拓展自己的人脉及圈子而觉得虽然身处在城市，但并不算城市的一分子，从而产生流回的心理。

除了上述因素，虽然有一部分因素的影响力较小，但不一定反映出它们不值得作为控制人力双向流动的因素。例如，家庭人均耕地较多，占到人力流回影响的所有因素的0.50%，但是这反映出来的问题是，当下越来越多的人力选择流出，农村的人均耕地面积越来越大，这也在刺激着人力的流回。外出工作时间越长的人力越不愿意流回也在情理之中，但是这个因素比身体问题对是否流回的影响还要小，说明当下的人力到城市之后，已经出现部分人群因身体问题开始选择是否要进行流回。因为在外找不到工作而流回的权重占到4.44%，说明在当下人力在城市并不一定很轻松地就能找到工作，城市的就业压力也越来越大，无法在城市找到工作，也是人力考虑是否流回的原因之一。

人力流出或者人力流回都是单向流动，社会对其单一的控制或者调控不能满足地区对人力双向流动的全方位的调控和配置。只有对人力双向流动进行合理的引导与控制才能够实现城市人口的合理分配，以及带动少数民族贫困地区的发展，并为生态文明建设提供科学的人力资源配置。

5.3.2　人力双向流动影响因素确定

结合上述两种单边人力双向流动的因素，本书选择其中对人力双向流动影响较大的因素，以及互相有交织的因素，从社会影响因素、经济影响因素、环境影响因素、政治影响因素、技术影响因素五个方面来构建人力双向流动因素，共计13 个影响力指标。具体影响指标如表 5.15 所示。

表 5.15　人力双向流动影响因素表

影响因素类别	具体影响指标
社会影响因素	乡镇企业与城市企业差别
	城市中找工作的时间
	城市户籍的获取意愿
	社会关系网络的好坏
经济影响因素	家庭财产
	城市工作的薪酬
	已经赚足钱或学会技术
	外出打工对农业收入的影响
环境影响因素	在外居住情况
	赡养家庭成员人数
政治影响因素	城乡劳动力市场是否公平
技术影响因素	工作技能掌握程度
	教育水平

在列出影响指标后，假设人力双向流动影响因素由社会因素、经济因素、环境因素、政治因素、技术因素等因素中的一系列指标决定，构建人力双向流动方程模型

$$Y = \sum_{i=1}^{n} \beta X_i + \mu_i \tag{5.9}$$

其中，Y 为人力双向流动影响力（i=1，2，…，13，表示 13 个影响力因素）；X_i 为第 i 个非随机解释变量，即人力双向流动因素中与 Y 相关的调查值（通过问卷数据整理得出）；β_i 为待估计的参数；μ_i 为随机误差项。

同样运用 LM 算法对人力双向流动做出模拟学习，本书人力对双向流动的赞同程度用对人力流出的赞同程度及对人力流回的赞同程度两个维度来定义，它们能够同时在一定条件下体现人力双向流动的赞同程度。选用基础的三层结构 BP 网络：分别由输入层、隐含层和输出层组成。其中输入层个数为 13 个，分别对应人力双向流动影响因素；隐含层个数为 13 个，输出层个数为 2 个，分别对应的是对人力流出的赞同程度和对人力流回的赞同程度。采用交叉验证方式，每次使用 201 个样本对网络进行训练，然后用 10 个样本进行测试。检验及误差如表 5.16 所示。

表 5.16　人力双向流动意愿指标的检验及误差

编号	1	2	3	4	5	6	7	8	9	10
样本值	0.6	0.6	0.2	0.6	0.4	0.8	0.8	0.4	0.2	0.6
拟合值	0.599 95	0.600 04	0.200 03	0.599 99	0.399 96	0.800 01	0.799 98	0.400 05	0.200 02	0.600 02
误差	5×10^{-5}	-4×10^{-5}	-3×10^{-5}	1×10^{-5}	4×10^{-5}	-1×10^{-5}	2×10^{-5}	-5×10^{-5}	-2×10^{-5}	-2×10^{-5}

检验及误差达到精度要求后，说明本次模拟学习的结果有效，误差在范围之内，具体结果如表 5.17 所示。

表 5.17　人力双向流动影响因素权重表

影响因素类别	具体影响指标	权重
社会影响因素 （38.79%）	乡镇企业与城市企业差别	13.61%
	城市中找工作的时间	0.51%
	城市户籍的获取意愿	13.14%
	社会关系网络的好坏	11.53%
经济影响因素 （26.75%）	家庭财产	3.42%
	城市工作的薪酬	7.58%
	已经赚足钱或学会技术	8.33%
	外出打工对农业收入的影响	7.42%
环境影响因素 （11.66%）	在外居住情况	5.77%
	赡养家庭成员人数	5.89%
政治影响因素 （14.84%）	城乡劳动力市场是否公平	14.84%
技术影响因素 （7.96%）	工作技能掌握程度	3.42%
	教育水平	4.54%

　　运用 LM 算法计算，本书得到人力双向流动影响因素权重。将假设的人力双向流动影响因素模型的估计参数写出，经过分类简化之后影响因素模型如下式（因为影响因素有 13 个，因篇幅问题本书不将预估参数全部列出，而是在分类后写出）：

$$POWER = 0.3879Soc + 0.2675Eco + 0.1166Cir + 0.1484Pol + 0.0796Tec + \mu_l$$

其中，Y=POWER，即人力双向流动影响力大小；Soc 为社会影响因素；Eco 为经济影响因素；Cir 为环境影响因素；Pol 为政治影响因素；Tec 为技术影响因素；而 μ_l 为影响因素类别的残差项；l=1，2，…，5 为五个影响因素类别。结合影响因素模型与影响因素权重表（表 5.17）得出如下几条结论。

　　第一，城乡劳动力市场是否公平，依旧是人力双向流动最重要的影响因素，其权重最高，达到 14.84%。这说明现在的人力是否愿意双向流动，不仅在乎经济是否越来越好，更在乎社会公平与否。少数民族贫困地区的人力很关心他们在县城或者在农村，能否拿到和城市人一样的薪酬。城乡劳动力市场公平与否不仅会影响人力流动到城市的积极性，也会影响人力流回，社会建立起公正、平等的城乡劳动力市场时，他们不用担心回流之后，做同样的工作会拿到较少的报酬。因而，建立城乡统一、公平的劳动力市场对于引导人力双向流动具有有效作用，应加快城乡公平、统一的劳动力市场的建立。

　　第二，乡镇企业与城市企业差别也是影响人力流动的重要因素，其权重达到 13.61%。城市企业的工作要求与乡镇企业并不差多少，但是薪酬和环境及福利相差却较大，这很容易打消城市人力回到贫困地区发展或者农村人力继续待在贫困地区的想法。当然，如果一个少数民族贫困地区没有较好的企业，当地企业难以充当蓄水池的作用，自然就会流失大量的人力，更不会有人力流向这里，也很少会吸引其他企业与之合作，这将形成一定的恶性循环。因而，政府应该扶持当地企业发展，如果能够大量带动当地就业，自然很多人力也就愿意在家门口工作，同时如果能够为流出的大学生提供发展的平台，他们也愿意为家乡的发展效力。因而，如何促进少数民族贫困地区企业发展也是要考虑的重要问题。

　　第三，对城市户籍的获取意愿也是人力是否愿意流动的重要因素，其主要影响人力流出，权重达 13.14%。虽然我国 2014 年开始逐步消除城乡二元户籍区别，由城乡统一的户口登记制度替代，但是废除的只是名义上的差别，地区之间依附于户籍的公共服务差异仍然明显，如子女教育、买房、医疗等都会受到影响。本地城市户籍的获取确实起到了减轻户籍的工资差异、打破由户籍差异造成的职业进入壁垒、降低工作流动性的作用。从调查结果可以看出，在少数民族贫困地区的流出人力中，他们仍然渴求获得城市户籍，减少由身份问题而非能力问题所造成的工作差距，也减少由户籍带来的工作差异甚至工种限制。因而，要"疏通"

人力的双向流通，户籍制度的完善必不可少，户籍制度的完善不仅能让流出人力在子女教育、买房、医疗问题上得到户籍的支持，也让流回的人力能够放心、大胆回去支持农村的发展。因而，户籍制度改革对于人力的合理流动也是一个必要的调控手段。

第四，社会关系网络作为评判人力是否真正融入一个地区的指标，在人力流动中也具有较大的影响，其作用仅次于城市户籍的获取意愿，权重达到 11.53%。如果流动人力在一个地区仅作为一个打工者，无法在流向的目的地实现真正的扎根，流回的可能性很大。从社会制度角度来说，户籍可以判定一个人是否属于此地，但是生活圈子对判定人力是否属于此地有着同样的影响力。

从上述四个比重超过 10%的指标中不难发现，当下人力是否流动已经由单纯的经济问题向社会问题转换。一个地区对待城乡人力的公平程度，流动人力流到城市的融入感，以及工作的环境福利已经成为流动人力关心的主要因素。因而，加强流动人力的"归属感"，提供较好的工作条件才是当下引导各类人力合理流动的主要攻破点。除了上述主要因素外，城市工作的薪酬、外出打工对农业收入的影响及已经赚足钱或学会技术的权重都在 7%以上，这三个问题涉及的是经济问题，说明经济依旧是人力双向流动考虑的主要因素，发展好当地的经济才是吸引人力的硬道理。

从数据分析上看，虽然教育水平、工作技能掌握程度这些个人技术性的能力对于影响人力是否流动的权重并不是太大，权重在 5%以下，但是存在的问题在于，这些方面属于长期的培养因素，可能调查者即人力本身没有意识到这些方面对于人力流动的重要性，因为自身如果能力够强，在选择是否流动的时候就会具有很强的主动权。如果政府或者企业能提供较好的培训环境和教育平台，人力的流动将会更加自由，也会使人力的"质量"不断提高，达到地区供需平衡。对于在外居住情况、城市中找工作的时间或者赡养家庭成员人数、家庭财产，从调查者反映的数据来看，并没有将其作为是否流动的重要因素。可能是这些因素对人力单向流动的影响大于对人力双向流动的影响，因为相对于其他因素来说这些因素与流动是一种间接的关系。

5.4 人力合理流动建议

5.4.1 培养新型城乡地域观念

我国从 1982 年开始，在 30 多年的城市化建设过程中，存在着城市偏向思维，优先发展东部地区、优先发展城市，然而这样的发展方式在某种程度上影响了西部地区经济发展的速度，而云南少数民族贫困地区更是如此，人力只出不进，人力的缺失使这些地区的经济与其他地区的差距拉大。因而，在现阶段应该调整思路。

1. 转变城市偏向思维

首先，要改变价值观念，即摒弃"重城轻农"的思想，不再以服务城市发展的观念而"去乡村化"，而是构建城乡公平和城乡共建的新型城乡关系来合理发展贫困地区。其次，改变过去运用城市价值观与标准来制订少数民族贫困地区规划的状况，避免少数民族特有的地域文化失语及生态环境恶化；发挥城乡联动的综合效益，改变过度追求乡村空间生产的单维集聚效益的局面。最后，以加强乡村规划教育及下乡宣讲两种方式，使少数民族贫困地区的人力接受良好的技能培训，缩小农村人力和城市人力之间的思维差距，为他们以后能更好地融入城市中的朋友圈打下基础。

2. 消除身份差异

由于长期的城市发展不均衡，城乡存在"户籍歧视"，这需要从源头上改变。加快户籍制度的改革对农村人力和城市人力来说不是单纯地改变名称上的差异，而是改变他们身份和地位上的差异。第一，从长期来看，大力发展贫困地区，支持城市中的人力流回，以及带去新的思想和价值观念，使流出人力地区与流动目的地区间的差距缩小。第二，加强培训。通过对进城务工农民进行相关职业技能培训，提升其技能水平以便使其更好地参与城市建设。第三，改善环境。包括对进城务工农民的生活和工作环境进行改善，让他们也享受到城市公共服务和社会保障。

3. 转变传统价值观，树立新的价值体系

在传统价值体系中，对农村普遍缺乏认识，存在偏见，人们总以能留在城市工作和生活为荣，许多从少数民族贫困地区考到外地的大学生在毕业后不希望再回来，他们将就业局限于大城市，即使就业不理想甚至失业他们也不愿回到家乡，认为回到家乡，回到基层工作是浪费才能、没有前途，是一种不成功的表现。因而，在建立新的价值体系中，我们要引导人们尤其是受过高等教育的年轻人回归家乡、扎根家乡，为他们搭建新平台，让这些既拥有专业知识，也有着回报社会的理想的优秀年轻人，可以在家乡做出属于自己的一番事业并实现理想，最终培养一大批懂国情、讲奉献、高素质的综合型青年人才。

5.4.2　营造城乡人力双向流动的环境

建立城乡公平的劳动力市场，为城乡双向流动营造公平、开放、自由、竞争的环境。强调人力资源可以自由流动、市场交易规则有统一标准、教育培训具有规范性和社会保障更加完善，从而优化配置人力资源。城乡人力资源相互流通、有效配置，可以带动物质、信息、市场等要素自由流动，促进城乡经济不断发展，为生态文明建设提供人力支持和经济支持。

1. 制定统一且公平的人力市场标准

建立统一且公平的人力市场标准，包括就业机会、劳动时间、劳动报酬、劳动保护上的平等。首先，消除现存的农村人力在就业机会和待遇方面的差异，确保城乡劳动力同工同酬，并且公平竞争同一岗位，农村人力不得因为农村户籍受到歧视或者不被聘用。其次，在劳动时间上予以保护，不得无偿剥夺农村劳动力休息时间以强制性加班。再次，建立统一标准，平等竞争条件。规范用人单位的行为，要求其与务工人员签订劳动合同，要求将所有务工人员纳入社保范围，拆除城乡劳动力的流动界限，增强城乡人力双向流动意愿。只有事先制定好公平的劳动力市场标准，才可能使人力在流动之后不会因身份问题而遭遇工种或者待遇的差异，从而促进人力的合理流动。

2. 建立人力双向流动市场信息系统

在城乡人力资源市场上，往往会出现信息不对称和不完整、交易有分歧、交易费用高昂等现象，这使人力资源无法得到优化配置。因而首先需要政府开放信息，使人力市场信息更充分公开，在宏观上调控人力资源配置，避免城乡人力盲目流动。在政府有关部门设立专门的就业服务机构，一方面，搜集各企业的空缺职位；另一方面，完善求职人员登记工作，对供需条件进行匹配，更有效地进行专业培训及工作配对。同时加快"互联网+"人力市场建设，利用互联网的网络化、便捷性为企业及求职者提供服务等。借助这些手段与措施保证人力市场信息畅通和共享，减少人力资源盲目等待的时间，减少交易成本，提高职位与人力匹配度，从而提高城乡人力找到合适工作的效率。

其次，根据少数民族贫困地区的实际情况，在人力双向流动市场信息系统建立的基础上，还需要引导有流动意向的人力自主应用新的信息系统，使在少数民族贫困地区的有流动意向的人力能够自如地使用系统进行查询，并针对少数民族贫困地区的人力制作符合其习惯及用户体验好的 App（application，应用程序），这样才能实现高效、快捷的人力双向流动。

3. 扶持建立本地龙头乡镇企业

从上述数据调查中可知，少数民族贫困地区乡镇企业与城市企业之间存在着一定的差距，人力是否愿意流回的很大一个原因在于是否能够接受不同地区企业之间的这种差距，一个地区如果没有一个好的企业，不仅不能吸引人力流回，而且会失去吸引其他优秀企业到少数民族贫困地区建厂发展的机会，这会形成一种恶性循环。由政府牵头早日建成具有竞争力的龙头企业和优质企业，有利于吸引人力流回及带动区域发展，这样经济才能实现长期的、富有活力的持续发展。

4. 完善教育培训机制

云南省少数民族贫困地区进城务工人员整体受教育水平偏低，虽然人力本身并没有意识到这是制约他们流动的一个很重要的因素，但是好的教育会使人力流动更具主动权，这是不言而喻的。因此，教育因素仍是制约当前人力双向流动的重要因素之一。贫困地区人力没有接受良好的教育及专业的培训，一方面，他们流动到城市后很难适应经济发展需要，就业的竞争力受到影响，难以在城市扎根；另一方面，他们回到家乡做出的贡献也非常有限。因而，提高他们的就业能力是促进城乡人力双向流动的一个重要途径，让他们接受更多的教育、掌握更多的技能，实现自由地根据意愿进行双向流动，促进少数民族贫困地区尽早脱贫，缓解人地矛盾，促进当地经济社会发展。

5.4.3　构建促进人力双向流动的制度

城乡一体化制度建设是城乡人力双向流动的有力保证。一是加快完善户籍制度改革后的管理制度，让城乡差别能够在实质上得到消除而不只是在名义上得到取消。二是深化农村土地制度改革，为城乡人力双向流动奠定必要基础。三是完善城乡社会保障制度，解决城乡流动人口的后顾之忧，为想扎根城市的人力提供制度保障。

1. 完善户籍制度改革后的管理制度

"户籍歧视"的存在使进城人力在城市的劳动力市场上遭受歧视，这严重阻碍了其与本地城市居民的经济同化过程。虽然我国在 2014 年已经开始逐步取消城乡二元户籍区别，建立城乡统一的户口登记制度，但城乡身份区别未完全消除，使流出人力仍有一系列的后顾之忧。为了打消进城人力的后顾之忧，充分尊重他们自主定居的权利，不能让农业转移人力"被落户""被上楼"。一是"先确权再户改"，保证农民权益。先确权就是对农村土地（山林）、村集体股份、宅基地这三项附着权益的资产进行登记，并通过规定程序明确规定农村土地的所有权、使用权等归属权。让农民手中有一本《中华人民共和国集体土地所有证》，让农民知道无论是继续在田地里面干活还是进城打工，这一块土地就是自己的，不用怕被其他人抢走。农村土地（山林）承包经营权进行确权登记后，就算农民选择进城落户，其在农村拥有的承包经营权依旧不变，若是觉得自己无法再对土地进行相关耕种的话，也可以将土地流转给其他人。二是消差别同待遇，提升民生指数。在考虑公共资源承载力和财政承受力的基础上，尽可能实现公共服务全面并轨，确保教育、医疗、养老、失业等公民待遇的再平衡。三是降低流动人力市民化成本，进一步完善城市住房制度，放宽对流动人力群体的购房限制，将流动人力纳入各类保障房体系之内，真正降低流动人力市民化的经济成本；推动公共服务均等化，加速推进身份背后附着的权利和福利管理，这样才能消除差别，确保各类人力真正按照自己的意愿自由流动，没有更多后顾之忧。

2. 深化农村土地制度改革

少数民族贫困地区出现大量农村人力流动到城市打工而造成家乡的农村土地荒废、无人打理的现象。而法规限制这些农村土地进行正常交易和置换，使这些土地大量荒废，生产效率降低。既束缚农村人力自由流动，又不利于经济社会发展。少数民族贫困地区只有通过建立农村土地经营权转让市场，建立新的机制，才能使农村土地更加方便、快捷地进行流转。一要使农民退出耕地、宅基地时有合理、必要的补偿，为农民日后转变成市民提供一定的物质基础；二要为有创业意愿的回流的农民工提供创业的基本环境，这样城乡人力双向流动才能更加顺畅。因而需深化农村土地制度改革，促进农村土地流转。

首先，要切实保障农民承包土地经营自主权，既要保障从事农业生产的自主权，也要保障其流转的选择权。对于承包土地流转与否、流转对象、流转价格及形式，都应由农户与受让方本着"自愿、规范、依法、有偿"的原则自主决定。其次，鼓励回流人力回乡发展多种形式的适度规模经营，开发专业大户、家庭农场等规模经营主体。政府通过土地流转制度的实施，不仅能够优化配置土地资源，让荒废的土地更大程度发挥价值，促进经济社会发展，也能够保障农户享有二次土地分配收益，增加其受益，使他们更加轻松、没有顾虑地在城市扎根安家，并帮助农户中的贫困群体脱贫。

实施土地流转制度，使农户能够更加合理地利用有限的土地资源。政府应该进行机制创新，让最适合搞农业经营的农户或是企业经营土地，把农村土地变成专业化经营，使土地利用效率得以提高，促进农村劳动力最大程度实现就地转移。这样不仅维护农村稳定，而且避免出现"无人村"的现象，同时减轻大量农村剩余劳动力给城市带来的压力，有利于城乡双向流动就业机制的协调发展。

3. 完善城乡社会保障制度

政府要改革社会保障制度，建立覆盖城乡的社会保障制度。在户籍身份上，城市要消除各种差异性的权利和利益，使城乡流动人力主体平等化。政府要完善土地制度和家庭养老保险制度，为农村劳动力解决后顾之忧。

5.4.4 完善人力双向流动的政策

1. 提供惠及农业型企业的政策

首先，政府颁布优惠政策以支持农业规模经营，鼓励企业经营农业。为贫困地区农民提供低息或贴息贷款、减税等金融、税收方面的优惠政策，支持农业大户做大、做强并向家庭农场的方向发展；鼓励乡镇企业经营农业，为回流人力提供更多合适的就业岗位。

其次，支持城市企业与贫困县建立形成一对一的帮扶关系，打造一县一品。例如，漾濞县可以利用当地种植优势，发展核桃种植业，并可以与昆明市区大型企业结成一对一帮扶关系，根据各村资源特点制订规划，选择适合的发展项目，创建品牌产品，如云南本土餐饮品牌外婆味道可以在农村建立食材基地。贫困县政府可以联系企业与县建立更稳固的产供销关系，企业通过为县策划种植品种，使其通过加工形成农产品的一条龙生产。政府通过企业牵手农业，促进农业产业化、规模化，带动更多回乡劳动力就业，使农户找到更适合自己的工作岗位，从而发挥自身价值。

2. 建立"回归工程"政策

实施"回归工程"，设立专项资金，鼓励有技术、有项目、有想法、有资金的人力回流到贫困地区创业，这是农村地区引回物质资本，引回创业者，输出打工者，发展当地人力资本的重要举措。随着少数民族贫困地区流出人力增多，当他们在城市积累一定的资金和经验时，他们当中有相当一部分人愿意回报家乡，在家乡投资兴业带动就业。政府应提高他们回乡创业的积极性，大力实施"回归工程"，出台一系列的优惠政策，努力营造洼地效应。例如，通过开展招商会、务工人员座谈会、联谊会，以及举办民族文化节等多种形式的活动，增强家乡亲情纽带的"磁场效应"，增强政府部门为回归人力服务的意识，在用工、用地、资金、项目审批方面为回归创业者排忧解难，使回归人力回得来、留得下。通过"磁场效应"亦可以带动流动人力融入当地的朋友圈，增加流动人口与当地人口的亲情和友情。

3. 完善"人力资源反哺"政策

"人力资源反哺"应作为人力双向流动的重要途径，是实现城乡一体化发展的有效抓手，让下派到农村的优秀人力不仅"下得去"，还要"待得住"，并给予他们政策保障及荣誉鼓励，还要对他们在职称评聘、选拔任用方面有所倾向，让"待得住"的优秀人力"干得好""上得来"，营造人尽其才、才尽其用的良好氛围。例如，为专职下派的干部保留以前的编制、岗位、职务、工资福利，使其工作晋升和调薪不受到影响；对专职下派到少数民族贫困地区的事业单位干部在职称评定上实施优先评审、优先聘用的政策。此外，鼓励技术类人才运用技术、管理和资金开展有偿服务，与农民建立利益共同体，开展风险共担、利益共享服务。当然，农村留住人才的关键在于让下乡人才在农村实现人生的价值，找到施展才华、实现理想的广阔舞台。

第6章 少数民族贫困地区生态文明建设中的人口迁移与经济增长的耦合关系演进分析

　　人口与经济相互关系这一问题一直以来是学者最关注的问题之一，在生态文明建设中这一问题也需进行讨论和分析。亚当·斯密认为，一个地区的人口不断增长象征着该地区经济的繁荣，因而人口的增长不仅是经济发展的结果，还是推动经济发展的重要原因。人口与经济发展两者之间有着天然的交互耦合关系，只有当它们达到耦合协调状态时，才能更好地促进社会经济持续不断地健康发展下去。伴随地区间经济、基础设施的差距越来越大，迁移人口的数量也越来越多。人口的空间分布变化促使劳动力与人力资本聚集在特定的区域，从而不仅对生产要素的空间配置进行了优化，同时在这种开放的环境中，产生了人口迁移与经济增长互促的局面。一方面，经济增长有助于人口迁移的不断演进，从而不断增加人口迁移数量、优化空间分布和提高劳动生产效率；另一方面，人口迁移重新优化配置生产要素，不断正向刺激经济的发展。目前少数民族贫困地区人口迁移存在着盲目、无序的特点，影响人口迁移发挥最大效益。因此，进一步探究少数民族贫困地区人口迁移与经济增长的关系，从人口迁移角度揭示促进少数民族贫困地区经济增长的动因，形成人口迁移与经济增长互促发展模式具有重要的理论意义和现实意义。

　　已有文献研究聚焦在以下几个方面：一是人口迁移的影响因素研究。Huo 等（2016）、王晓峰等（2014）、王桂新和潘泽瀚（2013）、张世伟和赵亮（2009）、李强（2003）认为农村劳动力流向城市是由多种驱动因素综合而成的，其中经济因素是主要因素。二是人口迁移对经济增长的影响。Clemens 等（2014）、Gamlen（2010）认为人口迁移是一种生产要素的空间再配置过程，是推动经济社会发展的重要动力。Bove 和 Elia（2016）、Fidrmuc（2004）、Fingleton（2001）分别研究了国际大规模移民，欧盟、中欧人口迁移。Ager 和 Brückner（2013）、Landon-lane 和 Robertson（2009）、Vollrath（2009）、Temple 和 Wößmann（2006）

通过实证研究都发现人口迁移促进迁入国经济发展。国内学者孔晓妮和邓峰（2015）、张力（2015）、贾伟（2012）、许召元和李善同（2008）对国内进行研究，也得出人口迁移促进迁入地区经济发展的结论。杜小敏和陈建宝（2010）从人口迁出对迁出地影响的角度总结出对其产生负面影响。也有学者认为，人口迁移对经济增长的影响暂不确定（Gezici and Hewings，2004），甚至 Klrdar 和 Saracoğlu（2008）发现人口迁移对地区增长率的影响是消极的，当人口迁移过度，就会制约经济的增长。三是经济增长对人口迁移的影响。地区间经济差距的客观事实促使人口在地区间选择性的迁移，就因果关系而言，经济增长为因人口迁移为果，即因为经济增长所以产生人口迁移，而非因为人口迁移使经济增长（Zhang and Song，2003）。上述研究更多是单方面的研究，而人口迁移和经济增长应该是一个双向的影响（逯进和郭志仪，2014；吴连霞等，2015；吴连霞等，2016），但从互相之间的影响来分析两者之间的关系，循环论证不足，系统化而准确化的分析不多见。此外，运用耦合理论来阐述人口迁移与经济增长的关系时缺乏深入研究，尤其是耦合度的变化原因和趋势。为此，本书需要从以下三方面做出拓展分析：第一，以系统耦合演进方法做出论证，在系统观循环论证视角下得出新的结论。第二，以多个贫困区域的经济情况为分析主体，加上时间演进来进行分析，体现出时、空的变化格局，进而展现二者关系的新构架。第三，深入分析耦合度变化的原因，剖析如何使互促模式最大化。考虑研究目的和数据可得性，分析中使人口迁移的空间变动特征以人口迁移率为代表，从我国对迁移人口的定义及户籍制度看，这样做才具可行性。

6.1　耦合理论

耦合出自物理学中的概念，通俗的表达就是一个系统中的不同成分有它们的协调性和发展性。而耦合指的就是协调和发展的相互综合、相互作用对动态系统状态（失调衰退和协调发展两种状态）的影响。因为耦合是由协调性和发展性两个方面组成的，所以本书需要从这两个方面对耦合度进行测定。协调性是指在动态演进过程中成分之间的切合程度，如果两成分的切合度高，则表明成分之间的"可协调性"程度高。发展性是指组合成分间的互促情况，如果组合发展性水平高，则表明两者互促性较好。上述理论可以用更加明了的公式和图解来说明。设有式（6.1）和式（6.2）两线性方程表示协调性和组合发展性：

$$s = aX + bY \qquad\qquad (6.1)$$

$$t = cX + dY \qquad\qquad (6.2)$$

其中，s 为 X、Y 的离差；t 为 X、Y 的组合发展水平；a、b、c、d 为模型参数，

由实际情况决定。由式（6.1）和式（6.2）经过简单的变形可得

$$X = \frac{s}{a} - \frac{b}{a}Y \qquad (6.3)$$

$$X = \frac{t}{c} - \frac{d}{c}Y \qquad (6.4)$$

首先从式（6.3）中可以得出：由协调性的定义已知，X 和 Y 的离差程度越小则表示协调性的程度就越高。当 X 和 Y 的离差 s 为 0 时，上式则变为 $\frac{X}{Y} = -\frac{b}{a}$，此线是一条经原点的射线，斜率为 $-\frac{b}{a}$。这时该线上的所有点都表示协调程度最优，只要 $s = 0$，无论 $-\frac{b}{a}$ 大小，只要它是一个固定数值，都可以表示两个成分的协调性最优，如图 6.1（a）中两条直线所示。当 $s \neq 0$ 时，此时的 X 与 Y 的协调性低于最优协调水平，差值是两条直线之间的距离 L，如图 6.1（b）所示。

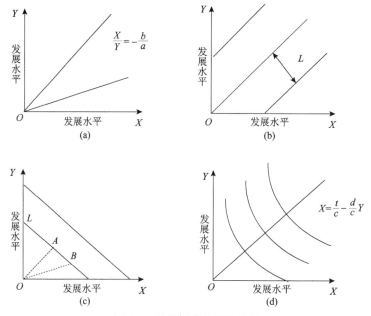

图 6.1 系统耦合的理论分析

由式（6.4）可知：当 X、Y 的组合发展水平 t 不改变时，X、Y 之间可完全相互替代，则 X、Y 的组合发展水平在这条线上的所有点都一致，且每一条无差异曲线对应唯一的组合发展水平值。如果斜率 $-\frac{d}{c}$ 发生变化，只要 t 不变，那么此

图形的系统无差异性将不会改变，图形上所有点的组合发展水平依旧不变。如图 6.1（c）中 A 点与 B 点虽与原点构成直线的斜率不同，但是截距相等，因而具有相同的组合发展水平。当直线 L 向外平移到 L_1 时，则 t 变大因而组合发展水平也变大。如果遵循无差异曲线边际替代率递减（斜率为 $-\dfrac{d}{c}$）的变化规律，则直线变为图 6.1（d）中的凹曲线。边际替代率从上至下递增，组合发展水平越往上就越高且随着曲线变化到右上方第二个曲线的时候，组合发展水平越来越大，如图 6.1（d）所示。

　　基于以上理论阐述，本书做出以下研究假设：①由上述文献可知，大多数学者认为人口流入会对经济有正向促进作用，所以在此假设人口流入对经济增长为正向指标，人口流出为负向指标；经济较好的地区对人口流入有较大的吸引力，所以经济增长对人口流入为正向驱动。②因为暂时还没有稳健的、科学的方法指出人口迁移水平和经济增长水平之间组合发展水平的系数，所以本书基于可比性和便利性的原则，假设双方的权重系数一致，即 $d=0.5$，$c=0.5$。研究将应用耦合理论的原理测定和评价少数民族贫困县人口迁移与经济增长的"离差"及"组合发展水平"，以及计算和评价两者之间的耦合度。

6.2　指标选择和数据收集

6.2.1　指标构建

　　人口迁移并非单一指标，由人口流出和人口流入组成，因此本书以客观性、可描述性、数据可得性为原则，选取了三个二级指标，即人口流出率、人口流入率及在此基础上产生的人口流出流入比，作为衡量人口迁移的指标。在结合相关经济增长研究文章的同时，在考虑到贫困地区数据采集的实际情况、准确性及各个贫困县都可查的统计指标后，最终从总量、质量和效率三个角度选定衡量经济增长的指标，即 GDP、人均 GDP、GDP 增长率。表 6.1 为最终构建的指标体系。

表 6.1　人口迁移与经济增长的指标体系

人口迁移成分 X	人口流入率（正）（0.553）	人口流出率（逆）（0.173）	人口流出流入比（正）（0.274）
经济增长成分 Y	GDP Y_1（正）（0.264）	人均 GDP Y_2（正）（0.361）	GDP 增长率 Y_3（正）（0.375）

6.2.2　数据来源

　　本书针对选择的八个少数民族自治县：禄劝县、双江县、兰坪县、孟连县、寻甸县、西盟县、漾濞县、维西县等少数民族贫困地区，收集数据资料，并将研究时序定位在 2010～2014 年，数据来源于云南八个少数民族贫困县的统计年鉴及政府发布公告。

6.3 模型的建立

6.3.1 人口迁移和经济增长指数的核算

1. 数据的标准化处理

首先需要对数据进行标准化处理，因为人口迁移的子指标及经济增长水平的子指标不管是量纲还是量级差异都较大，所以需要对数据进行标准化处理。依据本书的假设和相关文献的观点，本书将人口流入率及人口流出流入比作为经济增长的正向指标，而将人口流出率作为经济增长的逆向指标。具体标准化过程如下：

$$正向指标：x'_{ij} = \frac{x_{ij} - \min(X_{ij})}{\max(X_{ij}) - \min(X_{ij})}$$

$$逆向指标：x'_{ij} = \frac{x_{ij} - \max(X_{ij})}{\max(X_{ij}) - \min(X_{ij})}$$

2. 成分权重的确定

为避免计算人口迁移和经济增长各成分权重时过于主观，因而本书选择熵权法进行计算，具体过程如下。数据标准化处理之后我们需要计算第 j 个指标下第 i 个项目的指标值的比重 P_{ij}：

$$P_{ij} = \frac{r_{ij}}{\sum_{i=1}^{m} r_{ij}} \tag{6.5}$$

其中，r_{ij} 为对应的 j 指标的第 i 个项目的指标值。之后再计算第 j 个指标的熵值 e_j，算法如下：

$$e_j = -k \sum_{i=1}^{m} p_{ij} \cdot \ln p_{ij} \tag{6.6}$$

其中，k 为 $\frac{1}{\ln m}$；m 为指标个数。最后可得到熵权 w_j：

$$w_j = \frac{1 - e_j}{\sum_{j=1}^{n}(1 - e_j)} \tag{6.7}$$

经过计算后的各成分权重系数见表 6.1 括号内数值。

3. 成分指数的计算

八个自治县人口迁移和经济增长的成分指数是将标准化后的数据乘以对应成分权重系数后再求和后得到的，具体计算结果如表 6.2 所示。

表 6.2　人口迁移成分指数和经济增长成分指数

县名	人口迁移成分指数					
	2010 年	2011 年	2012 年	2013 年	2014 年	均值
禄劝县	0.628	0.626	0.601	0.612	0.592	0.612
寻甸县	0.484	0.586	0.637	0.594	0.512	0.563
维西县	0.335	0.326	0.318	0.308	0.174	0.292
双江县	0.223	0.221	0.221	0.215	0.216	0.219
兰坪县	0.203	0.201	0.208	0.213	0.204	0.206
漾濞县	0.065	0.063	0.059	0.058	0.039	0.057
孟连县	0.072	0.065	0.062	0.057	0.037	0.059
西盟县	0.016	0.010	0.006	0.005	0.000	0.007
均值	0.253	0.262	0.264	0.258	0.222	0.252

县名	经济增长成分指数					
	2010 年	2011 年	2012 年	2013 年	2014 年	均值
禄劝县	0.307	0.454	0.665	0.618	0.698	0.548
寻甸县	0.396	0.474	0.646	0.579	0.633	0.546
维西县	0.421	0.511	0.549	0.578	0.542	0.520
双江县	0.279	0.491	0.659	0.589	0.478	0.499
兰坪县	0.328	0.417	0.452	0.513	0.679	0.478
漾濞县	0.316	0.416	0.437	0.435	0.325	0.386
孟连县	0.298	0.385	0.337	0.477	0.387	0.377
西盟县	0.158	0.195	0.302	0.360	0.431	0.289
均值	0.313	0.418	0.506	0.519	0.522	0.455

6.3.2　耦合度的计算

在进行实际测算的时候，系统的耦合程度可以用耦合度来进行量化表示，根据 6.1 节的介绍，耦合度是由人口迁移 X 与经济增长 Y 两个成分的协调度和组合发展水平两者来决定的，其实际计算时公式如下（廖重斌，1999）：

$$S = \left[\frac{4X \times Y}{(X+Y)^2} \right]^K \tag{6.8}$$

$$T = cX + dY \tag{6.9}$$

$$W = \sqrt{S \times T} \tag{6.10}$$

其中，调节系数 K（$K \geqslant 2$）取 2，原因在于人口迁移与经济增长直接相关；S 为 X 与 Y 之间的离差程度，也就是协调性；c 与 d 按照上文，根据实际情况 X、Y 在系统中有相同重要性，所以都取 0.5。最终根据式（6.8）～式（6.10）即可算出耦合度，具体结果如表 6.3 所示。

表 6.3　2010～2014 年人口迁移与经济增长的耦合度

县名	2010 年	2011 年	2012 年	2013 年	2014 年	均值
禄劝县	0.567	0.707	0.792	0.784	0.795	0.729
寻甸县	0.654	0.716	0.801	0.766	0.744	0.736
维西县	0.603	0.600	0.589	0.575	0.378	0.549
双江县	0.492	0.473	0.432	0.439	0.461	0.460
兰坪县	0.473	0.458	0.461	0.447	0.391	0.446
漾濞县	0.186	0.150	0.135	0.120	0.100	0.138
孟连县	0.214	0.166	0.170	0.123	0.083	0.151
西盟县	0.056	0.064	0.080	0.097	0.107	0.081
均值	0.406	0.417	0.432	0.419	0.382	0.411

6.4　实证分析

6.4.1　成分指数分析

从表 6.2 我们可以得到：第一，从各个县的 2010～2014 年的人口迁移成分指数的均值来看，总体在缓慢变化，从 0.253 变化为 0.222，说明人口迁移强度在贫困县较为稳定，但是有一定的变化。而经济增长成分指数均值却从 0.313 增加到 0.522，增幅较大。总体来看贫困地区的经济变化并不是与人口迁移的变化完全同步。第二，经济发展水平较好的县，如寻甸县与禄劝县的人口迁移强度较强。同样人口迁移强度低的县，如西盟县与孟连县的经济发展水平也较低，更好地验证了前面的假设,人口迁移与经济增长有互相影响的关系。

由此看出,人口迁移与经济增长具有协同变化关系。第一,人口迁移强度和经济增长幅度的变化方向相同,都随着时间的推移而增加,但是人口迁移强度的变化较小而经济增长的变化幅度相对较大。第二,经济发展较好的县,寻甸县和禄劝县的人口迁移强度远远高于经济发展较差的县,如西盟县和孟连县,说明经济发展可能是维持人口迁移强度的一个重要条件。

6.4.2　系统耦合分析

从表 6.3 的数据我们可以大致看出,耦合度的范围在 0~1,为了将它们分类,本书采用在均匀分布模式下,将它们分为十个类型(分布指标见表 6.4)。

表 6.4　耦合度类型划分

负向耦合(失调衰退)		正向耦合(协调发展)	
W(耦合度)	类型	W(耦合度)	类型
0.00~0.09	极度失调	0.50~0.59	勉强协调
0.10~0.19	高度失调	0.60~0.69	低度协调
0.20~0.29	中度失调	0.70~0.79	中度协调
0.30~0.39	低度失调	0.80~0.89	高度协调
0.40~0.49	濒临失调	0.90~1.00	极度协调

从表 6.3 和表 6.4 中八个县的总体情况来看,耦合度总体水平不高,在濒临失调的程度。耦合度均值虽然从 2010 年的 0.406 上涨至 2012 年的 0.432,但是 2013 年和 2014 年的耦合度均值却在下降,下降到低于 2010 年的水平。从各个县来看,耦合度差别较大,禄劝县、寻甸县和维西县总体处于协调状态,而其余五个县都处于失调状态,尤其是西盟县、孟连县、漾濞县三个县处于极度和高度失调状态。总体来看,耦合度演进主要显示出三个方面的规律:第一,大部分县的耦合度水平随着时间的演进都有不同程度的下降,下降程度最严重的是孟连县,耦合度从 2010 年到 2014 年下降了 61%;禄劝县的耦合度随着时间的推移(除了 2013 年)都在不断上升,其次西盟县虽然也有较小幅度的上升,但是耦合度均值不容乐观。第二,不同县的人口迁移与经济增长的耦合水平有差异,即经济越好的县,人口迁移与经济增长发展越协调。第三,随着各个县的经济增长,各个县之间的耦合度的差距在逐渐变小,证明各个县可能具有耦合趋同的趋势。为了能够更加清楚地观察到耦合度与人口迁移成分指数和经济增长成分指数的关系,本书把各个县三个指标的均值拿出来进行比较和分析,如图 6.2 所示。

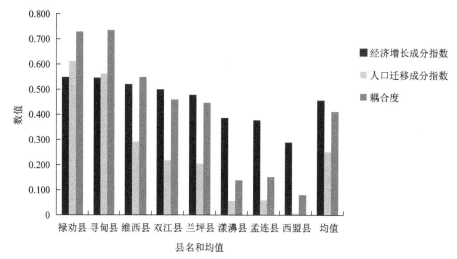

图 6.2　经济增长成分指数、人口迁移成分指数及耦合度的对比图

从图 6.2 得到经济增长成分指数与耦合度都呈正相关关系，即经济增长成分指数较高的县，其耦合度也较高，经济增长成分指数较低的县，其耦合度也较低。同时，经济增长成分指数与人口迁移成分指数也呈正相关，即经济发展较好的县的人口迁移成分指数也较高，反之亦然。此外，我们可以观察到一个有趣的现象：即使经济发展相对好，而人口迁移强度不足也会导致耦合度明显降低。例如，维西县的经济与禄劝县、寻甸县一样都属于发展较好的县，但维西县的人口迁移强度却远低于这两个县，从而耦合度也明显较禄劝县和寻甸县低很多。同样漾濞县的经济发展比孟连县略好，人口迁移强度基本和孟连县持平，而耦合度却低于孟连县。这表明耦合度的高低并不一定是由人口迁移或者经济增长其中一个指标的数值高低来决定。进一步分析漾濞县和孟连县的人口迁移强度、经济增长成分指数随时间的演进对耦合度的影响情况，如图 6.3 所示。

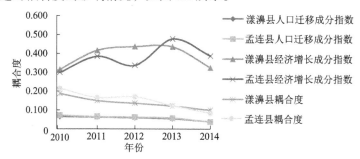

图 6.3　漾濞县和孟连县人口迁移成分指数、经济增长成分指数及其耦合度的演化态势

根据表 6.2、表 6.3 和图 6.3，孟连县的耦合度在 2010～2013 年平均比漾濞县高 13.9%，两者的人口迁移强度差距平均只有 4.5%，但是孟连县的经济增长指

数在 2013 年之前是低于漾濞县的。这就反映出来一种规律，在人口迁移强度一致且水平较低的情况下，经济相对落后的地区反而可能使人口迁移与经济增长协同发展得更好，原因可能是人口迁移与经济增长之间存在着一种最优比例。在分析了漾濞县和孟连县人口迁移、经济增长和耦合度的关系后，本书分析各个县耦合度随时间的演进情况，图 6.4 将各县按时间序列对耦合度进行拟合。由图 6.4 可看出以下两方面。

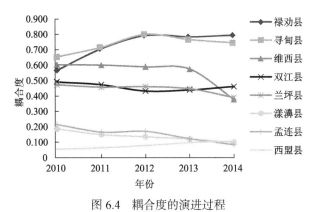

图 6.4 耦合度的演进过程

第一，大部分曲线表现出较平稳的发展态势，并有逐步下降趋势。也有部分曲线表现出先逐步上升后下降的态势，即耦合度在 2013 年之前逐步提高，在 2013 年之后有所下降。整体来看，近年来贫困县的人口迁移与经济增长呈现互促共进的态势，但互促共进发展的速度有所下降，因而今后二者相互协调发展面临巨大挑战。同时可看出，经济发展水平不同的县的耦合度也存在较大差异，经济发展好的县的耦合度高于经济发展较差的县。

第二，2014 年后，各贫困县的耦合状态将按趋势持续下降。出现这种发展态势的主要原因在于，现有的发展模式——由经济增长带动的人口迁移互促模式如果不经过人为调整和优化将难以持续下去。如果继续仅走快速城市化道路，不提升大量劳动者的素质，则贫困县的经济社会发展将面临越来越难的境地。因而，纯粹以人口迁移数量促进经济增长的模式将随着时间的推移越来越乏力。就云南的实际情况而言，需要在引进人口流入发展经济的政策中慢慢以人才代替人力，不断提高迁移人口的素质，这样不仅为经济持续发展及经济转型提供智力支持和人才支持，而且不断加强巩固人口迁移与经济增长互促共进发展的模式。

6.4.3 人口迁移和经济增长的最优比例

根据图 6.3、图 6.4 得到，即使经济发展水平曲线同样都是增长的趋势，其带来的耦合度变化却是截然不同的。难道经济发展较差的地区人口迁移与经济增长的互促模式较经济较发达的地区要好？人口迁移与经济增长到底是如何影响耦合度的？这是值得我们思考的，对于贫困县在不同的经济发展阶段制定不同的发展政策有重要的意义。面对这一问题，有学者试图用经济理论中的经济技术适宜性来加以解释（Acemoglu and Zilibotti，2001；Basu and Weil，1998）。经济技术适宜性指的是，资本（或者资源）与劳动力（或是技术）的总体比例有一个最优解，这个时候要素与技术的比例将会促使经济最高效发展。技术（或劳动力）水平过高或过低，都会导致要素（资源）边际生产率的过量，即满足不了高技术需要的生产原料，反之亦然。因此，只有当技术水平与其他要素达到一个最优比例时，生产效率才会达到最大值。本书将这种理论运用到人口迁移与经济增长的平衡性讨论和耦合度的最终优劣评价中。

首先，假设此无差异曲线是凹曲线且边际替代率递减，即组合发展水平服从越往外越低。因为若经济发展水平越高，增长一单位经济而带来的人口流入会小于一个单位，因为经济增长比例在减小。同理，如果不改变发展模式，经济增长对人口流入的要求会越来越大，在后续阶段为了提升一单位经济增长而需要大于一单位的人口流入①（粗放式人口增长，人力中人才比例很小）。所以人口迁移和经济增长的边际替代率可以看作是递减的。基于上述假设，根据贫困县的平均经济增长及平均人口迁移组合水平（图 6.5）、耦合度均值演进过程（图 6.6），本书用图示法来探究人口迁移与经济增长的最优比例分析（图 6.7）及耦合度的变化，从而提出不同经济发展程度的县在人口迁移和经济增长中应制定的方针。

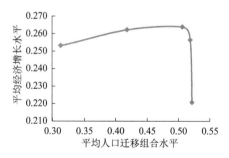

图 6.5　平均经济增长及平均人口迁移组合水平

① 人口迁移在一定程度上代表经济的发展，即经济发展需要人口的流入，且人口流入超过适度人口后对经济增长边际损害更大

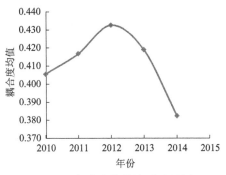

图 6.6　耦合度均值演进过程图

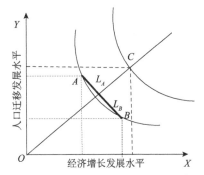

图 6.7　人口迁移与经济增长的最优比例分析

图 6.7 中，A 点往上移动时，L_A 将越来越大，组合发展水平将越来越小，因为协调度在不断降低。同理从 B 点开始，若经济增长发展水平越来越大，B 点会继续向曲线上方移动，L_B 会越来越小，组合发展水平将越来越大，即耦合度越来越好。从两者的互促模式中可以观察出，不管是 A 点人口迁移发展水平低、经济增长发展水平高的发展模式还是反之，都不能高效率地达到互促模式，只有两者同时发展并且达到一个平衡比例（书中是 1∶1）才能最大化地互促，如 C 点。当然，如果 C 点偏离直线足够远，组合发展水平可能会低于 A 点或 B 点。

6.5　结论与建议

随着国家经济高速增长的浪潮，伴随贫困地区户籍制度的宽松及各地区相对经济发展水平有较大差异的特点，贫困地区人口迁移较其他地区相对不稳定，更多的贫困地区人口希望外出找寻更好的工作带来更好的经济效应。在这一背景下，研究表明，各地区人口迁移与经济增长基本维持在勉强协调发展和濒临失调的边界，整体均值来看，耦合度呈现先上升后下降的趋势，且下降趋势较为明显。同时，各地区之间的耦合度呈现较大差异，总体上表现为经济发展与耦合度呈正相关性，即经济越发达的地区，其耦合度也越高。当然也存在着经济增长幅度较好地区的耦合度没有达到应该有的良好协调度，原因在于没有合适的人口迁移程度去匹配相对较高的经济增长水平，造成协调发展程度较低。根据上述人口迁移与经济增长的最优比例原则，本书考虑用以下"两步走"人为引导人口迁移。

第一步，在保证当下经济持续增长的前提下，通过促进人口迁移来提高两者的耦合度，从而使二者保持更加优化的协同发展互促模式，即"以迁移促经济、以经济带迁移"的经济可持续发展模式。

第二步，就长远眼光考虑，应该尽快探索新型的、符合各地区具体情况的、遵循最优比例的人口迁移模式，转变仅依靠人口迁移数量带动经济发展的传统观念，重视提高高素质人才流入带来的影响并积极引导人才加快流入，以促进和支撑经济的持续性增长，减弱人口与经济耦合状态的衰退态势。例如，经济发展较好的寻甸县和禄劝县不仅应注重人口流入的数量，更应有意识、有规划地引导人才的流入，提升人口迁移与经济增长的协调发展程度；而较为贫困的西盟县则应对人口流入放宽限制，以数量的增加来带动经济的发展。发展经济是一个目的，用人口迁移与经济互促是一个优化手段。首先，贫困地区应以户籍、农地、社会保障等优惠政策为先导引导人口迁移，带动人口有序流入并逐步加快城镇化建设，这将有助于贫困地区人口迁移与经济增长二者间耦合度的提升，进而促进各地区城镇化的有序进行及经济的健康可持续发展。其次，对于寻甸县和禄劝县等经济发展相对较好的地区来说，在探索耦合发展的有效途径时，不仅要积极引导人口流入，而且要关注流入人口质量及人口和经济二者的最优比例问题，在贫困地区现阶段的经济发展水平下，通过优化二者的比例有效提升二者的互促效率。当前，关键性的问题在于找到一个与经济发展相匹配的且具有合适比例的人口迁移模式，以加快推进城镇化建设，促进区域经济发展。

第7章 少数民族贫困地区生态文明建设中的生态效率分析

    云南是生态环境保护的前沿，处于伊洛瓦底江、金沙江、怒江、澜沧江、红河和珠江六大水系的源头或上中游，是全球生物多样性最为富集的地区之一。生态效率是指使用生态资源来满足人类需要的效率，是一种能够有效衡量经济、资源与环境之间协调发展的工具，分析少数民族贫困地区生态效率水平和生态效率变化趋势，以加强少数民族贫困地区生态文明建设水平。

    国内外相关学者和专家对生态效率的研究主要集中在生态效率评价方法和区域生态效率的分析方面。关于生态效率的评价方法的研究：Picazo-Tadeo 等（2012）运用数据包络分析（date envelopment analysis，DEA）方法和方向性距离函数，对西班牙有关企业的经济与生态绩效进行了测算。Hellweg 等（2005）认为可以用相关费用与环境影响的比值来表示生态效率。付丽娜等（2013）、吴金艳（2014）运用超效率 DEA 模型对生态效率进行了相关研究。关于区域生态效率的研究方面：Camarero 等（2013）基于 DEA 方法测算了欧盟国家的生态效率。蔡洁等（2015）测算了山东省 17 个地级市的生态效率，并对城镇化水平与区域生态效率之间的关系进行了分析。李青松等（2016）分别对河南省 2007～2012年的生态效率水平和生态效率变化趋势进行了分析，并使用 Tobit 模型分析了生态效率的影响因素。陈新华等（2017）运用三阶段 DEA 模型，测算了广东省 21个城市的生态效率，并从科技进步角度分析了生态效率的影响因素。此外，王瑾（2014）、李胜兰等（2014）、李健等（2015）、张晓娣（2015）也分别对中国区域生态效率进行研究。以上文献表明，在生态文明建设的大环境下，生态效率已成为国内外众多专家和学者研究的热点问题，但缺乏对少数民族贫困地区生态效率的研究。

7.1 生态效率测算

7.1.1 研究方法

1. Super-SBM 模型

DEA 模型由 Charnes 等（1978）最先提出，用于评价多要素投入和产出之间决策单元的相对效率，但传统的 DEA 模型忽视了投入产出的松弛性问题，因此所得效率值存在一定的偏差。Tone 在 2001 年提出 SBM 模型，该模型是基于松弛变量测度的非径向、非角度 DEA 分析方法，但该模型所测效率值有时存在多个决策单元同时为 1 的问题，以至于无法进一步对这些决策单元进行比较分析。为解决该问题，Tone 在 2002 年提出 Super-SBM 模型，该模型能够在 SBM 模型出现多个有效决策单元的情况下，进一步对这些决策单元进行分析和评价。

2.Malmquist 指数

Malmquist 指数最早由 Sten Malmquist 提出，后经 Färe 等（1996）完善，目前该指数被广泛应用于分析生态效率的变化情况。该指数具体计算公式（陈梅等，2015；任俊霖等，2016）如下：

$$
\begin{aligned}
M(x^{t+1}, y^{t+1}, x^t, y^t) &= \text{tfpch} = \text{pech} \times \text{sech} \times \text{techch} \\
&= \frac{D_V^{t+1}(x^{t+1}, y^{t+1})}{D_V^t(x^t, y^t)} \times \frac{D_C^{t+1}(x^{t+1}, y^{t+1}) / D_V^{t+1}(x^{t+1}, y^{t+1})}{D_C^t(x^t, y^t) / D_V^t(x^t, y^t)} \\
&\quad \times \left[\frac{D_C^t(x^t, y^t)}{D_C^{t+1}(x^t, y^t)} \times \frac{D_C^t(x^{t+1}, y^{t+1})}{D_C^{t+1}(x^{t+1}, y^{t+1})} \right]^{\frac{1}{2}}
\end{aligned}
\tag{7.1}
$$

其中，所计算的 $M(x^{t+1}, y^{t+1}, x^t, y^t)$ 值大于 1 说明生产率提高，$M(x^{t+1}, y^{t+1}, x^t, y^t)$ 值小于 1 说明生产率出现下降，$M(x^{t+1}, y^{t+1}, x^t, y^t)$ 值等于 1 表示生产率未发生变化；tfpch 为全要素生产率；纯技术效率 $(\text{pech}) = \dfrac{D_V^{t+1}(x^{t+1}, y^{t+1})}{D_V^t(x^t, y^t)}$；规模效率 $(\text{sech}) = \dfrac{D_C^{t+1}(x^{t+1}, y^{t+1}) / D_V^{t+1}(x^{t+1}, y^{t+1})}{D_C^t(x^t, y^t) / D_V^t(x^t, y^t)}$；技术进步 $(\text{techch}) = \left[\dfrac{D_C^t(x^t, y^t)}{D_C^{t+1}(x^t, y^t)} \times \dfrac{D_C^t(x^{t+1}, y^{t+1})}{D_C^{t+1}(x^{t+1}, y^{t+1})} \right]^{\frac{1}{2}}$。另外，综合技术效率 $(\text{effch}) = $ 纯技术效率 $(\text{pech}) \times$ 规模效率 (sech)。

7.1.2 指标选取与数据来源

通过借鉴成金华、汪克亮、郭思亮等相关学者和专家对生态效率评价指标体系的研究，结合少数民族贫困地区实际情况，综合考虑数据的可获得性，本书构建了少数民族贫困地区生态效率评价指标体系，如表 7.1 所示。

表 7.1　少数民族贫困地区生态效率评价指标体系

指标	类别	具体指标构成	内容
投入指标	环境	废水排放	化学需氧量（chemical oxygen demand，COD）
			氨氮（$NH_3\text{-}N$）排放量
		废气排放	二氧化硫（SO_2）排放量
			氮氧化物（NO_x）排放量
	资源	能源消耗	单位地区生产总值能耗
产出指标	经济	经济发展总量	地区生产总值

对选择的八个少数民族自治县（禄劝县、双江县、兰坪县、孟连县、寻甸县、西盟县、漾濞县、维西县）收集数据资料。原始数据从 2015～2017 年《云南统计年鉴》、政府工作报告、环境监测机构和相关统计公报获得。

7.2　生态效率静态分析

依据构建的少数民族贫困地区生态效率评价指标体系，本书测算得出 2013～2015 年八个少数民族贫困县生态效率值，具体结果见表 7.2。

表 7.2　2013～2015 年 8 个少数民族贫困县生态效率值

县名	2013 年	2014 年	2015 年	均值
寻甸县	1.018	0.520	0.468	0.669
双江县	0.310	0.355	1.681	0.782
兰坪县	0.459	0.614	0.644	0.572
孟连县	0.451	0.543	1.057	0.684
禄劝县	1.911	1.416	1.604	1.644
西盟县	0.453	1.149	1.306	0.969
漾濞县	0.327	0.304	0.355	0.329
维西县	3.007	2.388	1.997	2.464
均值	0.992	0.911	1.139	1.014

表 7.2 显示，8 个国家级少数民族贫困县中仅有两个处于生态效率相对有效状态，其余 6 个处于相对无效状态，说明云南少数民族贫困地区生态效率总体水平不高，且各地区生态效率水平差异较大。2013～2015 年生态效率水平出现微弱波动，但整体呈现出上升趋势。具体来看，8 个贫困县中，只有维西县、禄劝县的生态效率均值大于 1，分别为 2.464 和 1.644，表明维西县和禄劝县生态效率相对处于较高水平。而其他 6 个贫困县中，西盟县、双江县、孟连县、寻甸县、兰坪县和漾濞县生态效率均值分别为 0.969、0.782、0.684、0.669、0.572 和 0.329，均低于均值 1.014，说明 6 个贫困县生态效率相对处于较低水平。生态效率水平最高和最低的两个县，均值相差数倍，原因在于，各贫困县的地理位置不同及经济和社会发展水平相差较大，污染物的排放和资源利用效率也存在较大的差异，导致生态效率水平呈现出较大的差距。

2013～2015 年，各贫困县生态效率水平出现微弱波动，但整体呈现出上升趋势。其中 2013～2014 年生态效率均值出现小幅下降，从 0.992 下降到 0.911，但 2014～2015 年得到快速提升，从 0.911 上升到 1.139，且 2015 年生态效率水平均值明显高于 2013 年和 2014 年。出现这种现象的原因可能在于 2015 年云南省环境保护厅会同云南省发展和改革委员会编制了《〈国家环境保护"十二五"规划〉终期考核云南省实施方案》，该方案促进了各少数民族贫困县加大对所辖区环境的保护力度，进而使该地区生态效率在 2015 年后表现出较高的水平。

7.3 生态效率动态分析

为进一步分析少数民族贫困地区生态效率的变化趋势，根据构建的生态效率评价指标体系，本书使用 2013～2015 年八个少数民族贫困县生态效率面板数据，运用 Deap 2.1 软件测算出 2013～2015 年八个贫困县的各年份平均 Malmquist 指数和每个贫困县年均 Malmquist 指数，具体结果见表 7.3、表 7.4。

表 7.3　8 个少数民族贫困县各年份平均 Malmquist 指数及其分解

年份	综合技术效率 effch	技术进步 techch	纯技术效率 pech	规模效率 sech	全要素生产率 tfpch
2013～2014 年	1.013	1.047	1.042	0.972	1.060
2014～2015 年	1.089	1.186	1.011	1.077	1.292
均值	1.050	1.115	1.026	1.023	1.170

表 7.4　2013～2015 年八个少数民族贫困县年均 Malmquist 指数及其分解

县域	综合技术效率 effch	技术进步 techch	纯技术效率 pech	规模效率 sech	全要素生产率 tfpch
寻甸县	0.972	0.981	1.000	0.972	0.953
双江县	1.243	1.521	1.149	1.082	1.891
兰坪县	1.179	1.184	1.171	1.006	1.396
孟连县	1.071	1.061	1.000	1.071	1.136
禄劝县	1.000	0.964	1.000	1.000	0.964
西盟县	1.016	1.210	1.000	1.016	1.229
漾濞县	0.955	1.112	0.915	1.043	1.062
维西县	1.000	0.979	1.000	1.000	0.979
均值	1.050	1.115	1.026	1.023	1.170

表 7.3 显示，2013～2015 年，八个贫困县全要素生产率（tfpch）在各时间段均大于 1，其中 2013～2014 年为 1.060，2014～2015 年为 1.292，且均值为 1.170，大于 1，表明 2013～2015 年，生态效率水平呈现出逐年上升的趋势；并且 2014～2015 年比 2013～2014 年提高了 21.9%，表明生态效率不仅在逐年上升，上升幅度也越来越大，表现出较好的发展势头。从各要素分解来看，2013～2015 年，综合技术效率（effch）、技术进步（techch）、纯技术效率（pech）在各时间段均大于 1，表明各要素均呈现出逐年上升的趋势；而规模效率（sech）在 2013～2014 年小于 1，说明出现下降。就各要素均值来看，2013～2015 年，各要素均值均大于 1，并分别增长 5.0%、11.5%、2.6% 和 2.3%，表明各要素在评价期间内均表现出进步态势，且在一定程度上均促进了生态效率的增长，其中技术进步（techch）的拉动力最大，说明少数民族贫困地区对科学技术的投入促进了该区域科技的快速发展，目前已成为该地区生态效率提高的重要动力。

2013～2015 年八个少数民族贫困县年均 Malmquist 指数及其分解如表 7.4 所示，2013～2015 年，8 个贫困县中除了寻甸县、禄劝县和维西县的全要素生产率（tfpch）小于 1 外，其他 5 个贫困县均大于 1，其中年均增长率为 17%，而且整体生态效率呈现出上升趋势。值得注意的是本身处于生态效率较低水平的寻甸县，下降幅度最大，达到 4.7%，究其原因不难发现，除了纯技术效率（pech）保持不变外，其他要素均呈下降趋势。因此，该地区需根据实际情况，采取必要措施，努力扭转这种不利于发展的趋势。生态效率水平相对较高的禄劝县和维西县，其全要素生产率（tfpch）也出现下降，下降幅度分别为 3.6% 和 2.1%，其原因在于技术进步（techch）出现下降趋势。因此，禄劝县和维西县，应重视科技对生态效率的拉动作用，加大科技投入力度，鼓励绿色科技创新，不断提高科技水平，促进生态效率的提高。双江县本身处于生态效率相对较低的水平，但其全要素生产率（tfpch）增长最快，表现出较好的发展势头。

从各要素分解来看，八个少数民族贫困县中，综合技术效率（effch）增长最快的是双江县、兰坪县和孟连县，其增长幅度为24.3%、17.9%和7.1%，均高于平均增长水平。技术进步（techch）增长最快的是双江县、西盟县和兰坪县，分别增长52.1%、21.0%和18.4%。纯技术效率（pech）除了漾濞县出现下降外，其他7个县中有5个县保持不变，两个县呈现上升趋势。规模效率（sech）有5个县呈现上升趋势，两个县保持不变，1个县呈现下降趋势。

7.4　生态效率影响因素分析

7.4.1　变量解释

根据现有文献对生态效率影响因素的相关研究，结合少数民族贫困地区经济社会发展实际情况，并综合考虑数据的可获取性，本书从产业结构、城市规模、投资和国有企业占比等四个方面进行影响因素测度分析。

（1）产业结构（dscyszbz）。产业结构能够直接影响某一地区经济的发展水平和发展速度，同时会对环境产生重要影响，进而影响该地区的生态效率。以第三产业占GDP比重表示产业结构。

（2）城市规模（csgm）。城市规模对生态效率产生一定的影响。城市规模可用人口规模、经济规模及土地规模来衡量，鉴于目前大多数学者通常用人口数反映城市规模，且少数民族贫困地区县城是人群集聚的地区，其人口数能较好地反映该县规模，因此本书用各少数民族自治县年末县城总人口数表示城市规模。

（3）投资（gdtz）。投资总额及投资方向往往会对某一地区经济的发展产生重要影响。通常情况下人们认为投资能够拉动经济的快速增长，同时投资方向则会对环境产生一定影响，进而会对某一地区的生态效率产生重要影响。因此本书用各少数民族自治县固定资产投资表示投资。

（4）国有企业占比（gyqyzb）。国有企业占比同样会对地区经济发展产生一定影响，同时国有企业的管理水平、管理方式和科技创新水平会对地区环境产生一定影响，进而会间接影响某一地区的生态效率水平，本书用国有企业总产值占工业总产值比重表示国有企业占比。

7.4.2　实证结果及分析

本书将7.2节所测算的生态效率值作为被解释变量，以产业结构、城市规模、投资和国有企业占比作为解释变量，为消除异方差，便于数据分析，对城市规模和投资两个变量取对数，运用 2013～2015 年八个少数民族贫困县面板数据进行 Tobit 回归，回归结果见表 7.5。

表 7.5　贫困地区生态效率影响因素 Tobit 回归结果

变量	系数	标准差	Z 值
产业结构（dscyszbz）	4.151**	1.809 75	2.29
城市规模（csgm）	−0.958**	0.440 044 3	−2.18
投资（gdtz）	0.798***	0.259 837 6	3.07
国有企业占比（gyqyzb）	−0.910	1.745 825	−0.52
_cons	−0.639	1.058 046	−0.60

***表示在 1%的水平上显著；**表示在 5%的水平上显著

表 7.5 显示，产业结构和投资对生态效率产生显著的正向影响，城市规模产生了显著的负向影响，国有企业占比未产生显著影响。从产业结构和投资对生态效率的影响来看，二者的回归结果均显著为正，表明产业结构和投资均在一定程度上促进了生态效率的提高。具体看来，第三产业所占比重和固定资产投资每提高 1%，将使生态效分别提高 4.151%和 0.798%，这说明第三产业所占比重和固定资产投资是生态效率提高的主要动力。这与实际情况相符，少数民族贫困地区的地理位置相对闭塞，交通不便，各方面环境不利于工业化发展，但该地区拥有独特的少数民族文化和自然风光，这些资源形成了该地区特有的经济增长方式，第三产业所占比重很大，如生态效率整体排名第一、第二和第三的维西县、禄劝县与西盟县，2015 年其第三产业所占比重分别达到 0.53%、0.44%和 0.54%。此外，投资总额和投资方向对生态效率的提高产生了显著的正向影响，我们通常认为拉动经济增长的三驾马车之一就是投资，对于少数民族贫困地区而言，投资促进了该地区经济的快速增长，进而对该地区生态效率产生了显著的促进作用。

城市规模对生态效率的回归结果显著为负，说明城市规模对生态效率的提高产生了一定的负向影响，城市规模每提高 1%将导致生态效率下降 0.958%。说明随着县城人口的不断增加，其城市规模在不断扩大，为满足该地区人口活动的基本需要，对资源的消耗随之加大，污染物排放迅速增多，不利于该地区生态效率的提高。国有企业占比同样对生态效率产生了负向影响，但其回归结果未通过显著性检验。说明国有企业占比对生态效率的影响不显著，其原因在于各贫困县国有企业占比小且相差不大，因此，未对生态效率产生显著影响。

7.5　结论与建议

7.5.1　结论

（1）Super-SBM 模型测量结果表明，少数民族贫困地区生态效率总体水平不高，且各地区生态效率水平差异较大，2013～2015 年生态效率水平出现微弱波动，但整体呈现出上升趋势，且上升幅度越来越大，表现出较好的发展势头。

（2）Malmquist 指数分析结果显示，2013～2015 年，综合技术效率（effch）、技术进步（techch）、纯技术效率（pech）和规模效率（sech）在评价期间内均表现出进步态势，在一定程度上拉动了少数民族贫困地区生态效率的提高，其中，技术进步（techch）对生态效率的拉动力度最大。

（3）Tobit 模型回归结果显示，产业结构和投资对生态效率产生显著的正向影响，促进了该地区生态效率的提高；城市规模产生了显著的负向影响，在一定程度上不利于该地区生态效率的提高；国有企业占比未对生态效率产生显著影响。

7.5.2　建议

（1）充分发挥产业结构提升生态效率的作用，积极推进产业结构优化升级。按照"两型三化"①要求，把产业发展靶心对准生物医药和大健康、旅游文化、信息、现代物流、高原特色现代农业、新材料、先进装备制造与食品及消费品制造等八个在云南有优势、有基础、有市场前景，能较快形成经济增长行动力的重点产业并进行资源整合，利用少数民族贫困地区自然资源禀赋，通过科学规划，加强"政银企"合作，推进该地区产业结构的优化升级，推动技术进步。同时，政府部门要加大对高污染、高消耗企业的监督和管理力度，积极引导其向绿色创新型产业转型，促进区域内产业结构的合理化、高级化。

（2）改善投资环境，提高投资质量。投资在一定程度上不仅能促进少数民族贫困地区经济的增长，而且能提升该地区的生态效率。地方政府通过制定相关优惠政策，加大简政放权力度，提高项目审批管理服务水平。一方面，利用少数民族贫困地区丰富的资源进行"筑巢引凤"，通过电视台、旅游局、政府网站、民族特色产品博览会、微信等途径加以宣传，牵线搭桥，强化该地区对外部资本的吸引力，加快推进 PPP（public-private partnership，政府和社会资本合作）项目签约和落地实施。另一方面，以农业供给侧结构性改革为抓手，狠抓行业覆盖面宽、产业关联度高、中小微企业多、带动农民就业增收作用强的基础性产业——农产品加工业，把少数民族贫困地区农产品加工业投资、改造、发展成为一举多

---

① 2016 年发布的《云南省国民经济和社会发展第十三个五年规划纲要》明确提出，坚持"两型三化"发展方向，努力构建"开放型、创新型和高端化、信息化、绿色化"的云南特色现代产业体系

得和牵动全局的"牛鼻子"。

（3）积极调整县城发展战略，改善少数民族贫困地区城镇发展面貌。城市规模对云南少数民族贫困地区生态效率的提高产生了一定的负向影响，为避免新型城镇化建设中因人口数量的增长，给该地区生态环境造成过大的压力，各少数民族贫困地区应根据经济社会发展实际情况，及时调整发展战略。首先，按照"资源节约和环境友好"的要求，依托县城的资源和环境承载能力聚集产业与人口，根据标准对垃圾、污水、噪声等污染物进行达标处理和控制，增加绿地、林地面积，推动城市与自然、人与城市环境和谐相处，突出县城生态建设。其次，根据云南各少数民族分布呈大杂居、小聚居的特点，充分发挥民族风情多样性，挖掘文化内涵，发挥生态优势，依托当地区位条件、资源特色和市场需求，高标准开展宜业、宜居、宜游城镇创建，推进民族地区特色小镇建设。

第8章 少数民族贫困地区生态文明建设的关键因素识别

少数民族贫困地区生态文明建设，要重新审视和利用自然禀赋的比较优势，在保护脆弱的生态环境和发展相对落后的经济的同时，实现生态现代化的跨越式发展。为了提高生态文明建设的成效，学者针对生态文明建设的关键因素开展了一系列研究，杨志华和严耕（2012a）首次运用皮尔逊积差相关和双尾检验法研究了中国省域生态文明建设的关键因素。卢风（2017）从哲学的角度推演出技术创新和制度方面的发展是中国生态文明建设的关键。刘芳和苗旺（2016）分析了水生态文明建设体系的主成分，找出了关键因素。刘文芝等（2016）利用 Logit 模型进行回归分析，找出了企业中影响生态文明建设意愿的内部动因和外部动因中的显著因素。张新伟等（2017）对生态文明评价体系进行了模糊聚类分析，明确了生态文明建设的关键因素。尽管很多学者对生态文明建设的关键因素进行了研究，但缺乏针对少数民族贫困地区的探讨，研究中也较少从整体上考虑指标间的联系。1987 年，WCED 在《我们共同的未来》中率先提出了贫困与环境间的关系。少数民族贫困地区蕴含着丰富的自然资源，经济却不发达，特殊的地形地貌和复杂的气候环境又使其生态脆弱，该地区很容易陷入"粗放开发利用—生态破坏—经济贫困—掠夺经营—生态环境退化—资源枯竭—生态贫困—经济愈加贫困"的恶性循环中，因此，生态文明建设就显得更加必要和重要。

8.1 研究方法

传统的 DEMATEL 方法已被广泛应用于影响因素的识别，但计算过程中的一些问题也引发了学者们的讨论。首先，直接关联矩阵是通过专家的主观经验判断的，使科学性大大降低，而如果利用 BP 神经网络计算权值来得出直接关联矩阵，则使可信度增加，两种方法的结合可以有效解决专家打分具有主观性的根本问题；其次，当关键因素由中心度和原因度确定时，缺乏具体判断规则的因果关系图法与受中心度标准值漂移效应影响的象限确定法都存在一定的局限性，而如果利用摆幅置权法对原因度和中心度进行赋权，按照综合重要度来选择关键因素，则可使选择定量化，并可将所有的关键因素排序。因此，本书采用 BP-DEMATEL 方法，再结合摆幅置权法选择生态文明建设的关键因素。

8.1.1　整体权值向量 ω 的计算

1. 数据的预处理

本书将收集到的原始数据导入 R 软件中，运用多重插补（multiple imputation，MI）法，利用 mice 函数的 PMM[①]算法将缺失率小于 10% 的缺省值插补完整。

2. 被影响因素矩阵 y 和影响因素矩阵 x 的构建

令 $y=(y_{ik})_{m \times t}$ 为被影响因素矩阵，$x=(x_{ij})_{m \times n}$ 为影响因素矩阵。其中，m 为样本数量；t 和 n 分别为被影响因素及影响因素的数量；并且 $i=1, 2, \cdots, m$；$k=1, 2, \cdots, t$；$j=1, 2, \cdots, n$。

3. 输入层与隐含层的权值矩阵 $(W_{ij})_{n \times l}$、隐含层与输出层的权值矩阵 $(w_{ij})_{l \times t}$ 的确定

输出向量 Y 和输入向量 X 构成神经网络，为了提高收敛速度，本书用动量及自适应 IrBP 的梯度递减训练函数，参考公式 $\sqrt{t+n}+C$（C 为 1～10 的常数）计算得出的范围确定隐含层神经元的数量。当多次训练后误差达到最小时，得到权值矩阵 $(W_{ij})_{n \times l}$ 和 $(w_{ij})_{l \times t}$，其中隐含层神经元的数量为 l。计算整体权值向量 ω：

$$\omega = \text{mean}\{(|W\|w|)^{\mathrm{T}}_{n \times t}\} = (\omega_1, \omega_2, \cdots, \omega_n) \tag{8.1}$$

其中，$|W|$ 和 $|w|$ 分别为权值矩阵 $(W_{ij})_{n \times l}$ 和 $(w_{ij})_{l \times t}$ 中的每个元素取绝对值；mean 函数会在 $|W\|w|$ 的行数大于 1 时，计算每一列的平均值。

8.1.2　中心度和原因度的计算

1. 计算影响因素指标间的直接关联矩阵 B

$$B = \left(b_{ij}\right)_{n \times n} = \begin{pmatrix} b_{11} & b_{12} & \cdots & b_{1n} \\ b_{21} & b_{22} & \cdots & b_{2n} \\ \vdots & \vdots & & \vdots \\ b_{n1} & b_{n2} & \cdots & b_{nn} \end{pmatrix} \tag{8.2}$$

---

① PMM（predictive mean matching），即预测均数匹配

其中，$b_{ii}=0$；$b_{ij}=\dfrac{\omega_i}{\omega_j}$（若 $\omega_j=0$，则 $b_{ij}=0$），为影响因素 i 对影响因素 j 的重要性。

2. 归一化的直接关联矩阵 X 的计算

$$X=\left(x_{ij}\right)_{n\times n}=\frac{1}{\max\limits_{1\leqslant i\leqslant n}\sum\limits_{j=1}^{n}b_{ij}}B \tag{8.3}$$

3. 全关联矩阵 T 的计算

$$T=X+X^2+\cdots+X^n=X\left(I-X\right)^{-1} \tag{8.4}$$

其中，$\left(I-X\right)^{-1}$ 为单位矩阵与 X 差值的逆矩阵。得到中心度和原因度的计算公式：

$$T=\left(t_{ij}\right)_{n\times n} \tag{8.5}$$

$$D=\left(ti.\right)_{n\times 1}=\left(\sum_{j=1}^{n}t_{ij}\right)_{n\times 1} \tag{8.6}$$

$$R=\left(t.j\right)_{1\times n}=\left(\sum_{i=1}^{n}t_{ij}\right)_{1\times n} \tag{8.7}$$

其中，D 为 T 的各行之和；R 为 T 的各列之和。指标 i 的中心度 $P_i=D_i+R_i$，其值反映了指标的重要性。指标 i 的原因度 $Q_i=D_i-R_i$，其值反映了指标的关联性，据此可以将指标划分为原因组和结果组，当 $D_i-R_i>0$ 时，可将指标 i 归到原因组；当 $D_i-R_i<0$ 时，可将指标 i 归到结果组。其中，结果组中的因素反映的是原因组中因素的影响结果。

8.1.3 关键因素分析

1. 基于摆幅置权法的中心度和原因度赋权

第一步，令 $x_{zl}=\max P_i$，$x_{zs}=\min P_i$，$\forall i=1,2,\cdots,n$；同样，记 $x_{yl}=\max Q_i$，$x_{ys}=\min Q_i$，$\forall i=1,2,\cdots,n$。此时，便得到最优方案（x_{zl}，x_{yl}）和最差方案（x_{zs}，x_{ys}）这两种虚拟方案。

第二步，在最差方案的指标中，由系统决策者选择一个最期望改进的，并将其改进为相应的最优方案中的指标，同时将初步权重 100 赋给这个优化的价值偏好。接着，使用同样的操作方法改进最差方案中的另一个指标，同时在（0，100）选择合适的权重赋给本次优化的价值偏好。

第三步，归一化第二步中得到的两个初步权重，便可以得到中心度和原因度

的摆幅置权权重 E_z 和 E_y。

2. 综合重要度的计算及排序

$$\theta_i = E_z P_i + E_y Q_i \quad i = 1, 2, \cdots, n \qquad （8.8）$$

3. 关键因素的确定

定义：如果一个因素是关键因素，其相应的原因度大于 0。

命题：在对综合重要度排序后，关键影响因素对应的值高于非关键影响因素对应的值。

根据以上定义和命题，本书首先在排序后的综合重要度中筛选原因度大于 0 的指标；其次，根据二八定律，少数重要因子若被控制，全局便能被掌控，因此本书将综合重要度值排序中前 20%的指标确定为关键因素。

8.2　模型的应用

8.2.1　数据来源

研究数据来自选择的八个少数民族自治县：维西县、兰坪县、寻甸县、禄劝县、漾濞县、双江县、西盟县、孟连县，以及其所属地州 2015～2017 年年鉴和相应年份的《云南调查年鉴》《云南统计年鉴》《云南住房城乡建设年鉴》《云南小康年鉴》与当地环境监测站的调研数据。

8.2.2　少数民族贫困地区生态文明建设指标体系的构建

在现有的国家、省域和地区三级层面制定的县域指标体系的基础上，依据《生态文明建设目标评价考核办法》，考虑指标的科学性和可得性，本书选择能够反映地区环境质量状况的两个指标——空气质量优良天数比例、集中式饮用水源地水质达标率，以及反映生态保护状况的指标——森林覆盖率，反映生态文明建设直接成效的指标——省级生态文明建设示范乡镇占比四个指标作为综合表征生态文明建设状况的结果度量指标；参考相关统计年鉴、年度报告，结合历史唯物主义的观点和相关文献，从生态文明的基本内涵——生态意识文明、生态行为文明和生态制度文明三方面选择 15 项指标作为影响因素指标。生态意识文明是关于生态问题的先进思想形态，包括先进的生态心理、生态道德和人与自然和谐的价值取向，这些价值取向会受到受教育程度的影响，对于国家级贫困县研究中还要关注这些价值取向会受到扶贫绩效的影响；生态行为文明是在生态思想的指导下促进生态文明建设和进步的活动，包括生产活动、生活活动等；生态制度文明是关于生态问题的先进的制度形态，包括生态法律、政策规范、制度保障机制。本书所构建的生态文明建设的指标体系见表 8.1。

表 8.1 少数民族贫困地区生态文明建设指标

指标分类	具体指标	单位
结果度量指标	空气质量优良天数比例	%
	森林覆盖率	%
	集中式饮用水源地水质达标率	%
	省级生态文明建设示范乡镇占比	%
生态文明意识 (X_1)	初中毛入学率（X_{11}）[****]	%
	省级绿色学校数量（X_{12}）[****]	个
	贫困对象人口下降率（X_{13}）[****]	%
	新农合参合率（X_{14}）[****]	%
生态文明行为（X_2）	单位地区生产总值能耗（X_{21}）[*]	t 标煤/万元
	化学需氧量排放量（X_{22}）[****]	kg
	氨氮排放量（X_{23}）[****]	kg
	二氧化硫排放量（X_{24}）[****]	kg
	氮氧化物排放量（X_{25}）[****]	kg
	污水集中处理率（X_{26}）[*]	%
	生活垃圾无害化处理率（X_{27}）[*]	%
生态文明制度（X_3）	生态文明建设规划的制订（X_{31}）[*]	—
	受保护地区占国土面积比例（X_{32}）[*]	%
	环境保护投资占 GDP 的比重（X_{33}）[**]	%
	监测站总数（X_{34}）[***]	个

[****]是基于研究区域的特色，并参考相关统计年鉴、年报等资料得出的指标；[***]来自《西部地区生态文明指标体系研究》；[**]来自《云南省生态文明县（市、区）建设指标（试行）》；[*]来自《国家生态文明建设示范县、市指标（试行）》

8.3 计算结果

将 4 项结果度量指标作为输出层神经元、15 项影响因素指标作为输入层神经元，建立 3 层神经网络。隐含层神经元数量定为 5，初始权值定为[-0.5，0.5]的一组随机数。运行 DPS 7.05，经过反复训练得出达到预期误差值的输入层到隐含层和隐含层到输出层的权值矩阵，运行 Matlab 2014a，在式（8.2）～式（8.4）的基础上得出全关联矩阵，并利用式（8.5）～式（8.7）计算中心度 $P = D + R$ 和原因度 $Q = D - R$，用摆幅置权法对中心度和原因度赋权后结合式（8.8）计算综合重要度。图 8.1～图 8.8 分别为 8 个贫困县的 P、Q 和 θ。

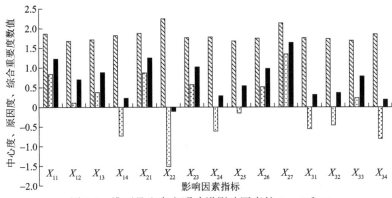

图 8.1　维西县生态文明建设影响因素的 P、Q 和 θ

从图 8.1 维西县生态文明建设影响因素的 P、Q 和 θ 可以看出，新农合参合率 X_{14}、化学需氧量排放量 X_{22}、二氧化硫排放量 X_{24}、氮氧化物排放量 X_{25}、生态文明建设规划的制订 X_{31}、受保护地区占国土面积比例 X_{32}、监测站总数 X_{34} 这七项影响因素的原因度小于 0，因此它们不是关键因素。关键因素只能存在于剩下的八个影响因素中，根据综合重要度 θ 确定优先次序为 $\theta_{27} > \theta_{21} > \theta_{11} > \theta_{23} > \theta_{26} > \theta_{13} > \theta_{33} > \theta_{12}$。维西县位于三江并流腹地，澜沧江由北向南纵贯境内，河网密布。但存在小流域污染严重的问题，尤其是在居民聚居区的头道河等支流，维西县应加大力度整治向河道堆放生活垃圾的行为，无害化、清洁化处理垃圾，不仅要保持河道环境的干净、卫生，更要防止跨流域的污染。维西县在贯彻"产业强县"战略的同时，应调整产业结构，淘汰矿业开发等高能耗的产业，对矿产资源进行整合重组，向生物、旅游等特色产业升级转型。

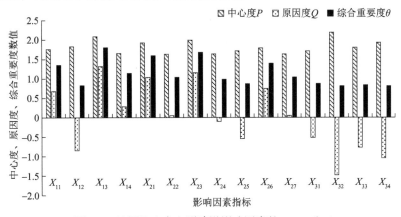

图 8.2　兰坪县生态文明建设影响因素的 P、Q 和 θ

从图 8.2 兰坪县生态文明建设影响因素的 P、Q 和 θ 可以看出，兰坪县可能的关键因素综合重要度排序为 $\theta_{13} > \theta_{23} > \theta_{21} > \theta_{26} > \theta_{11} > \theta_{14} > \theta_{22} > \theta_{27}$。由于历史原因，兰坪县存在一些"直过民族"，这些"直过民族"特别贫困，再加上自然地理的原因，一些贫困人口居住在深山区、高寒区，坡地利用率极低，交通闭塞，使贫困发生率高，贫困程度深。种种原因促使这些人口摆脱贫困只能依靠资源，甚至是掠夺式开发资源，凤凰山铅锌矿大规模露天开发产生的废气、废水不加处理被排向周围的村庄，锌矿中含有的氨氮、铅等元素对大气和水体造成的污染是短时间内难以消除的。

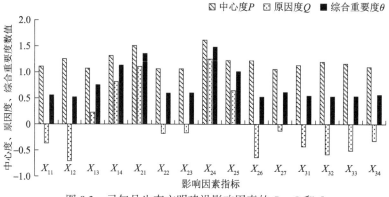

图 8.3　寻甸县生态文明建设影响因素的 P、Q 和 θ

从图 8.3 寻甸县生态文明建设影响因素的 P、Q 和 θ 可以看出，可能的关键因素综合重要度排序为 $\theta_{24} > \theta_{21} > \theta_{14} > \theta_{25} > \theta_{13}$。寻甸县经济的迅速发展主要得益于工业，片区内化工企业和电化企业都是二氧化硫排放的大户，2014 年甚至发生过化工企业产成的二氧化硫等有害物质过量排放的突发事件。此外，近 1/3 的地方财政来源于烟叶税，而居民在烤烟过程中使用的燃煤锅炉也会产生大量的二氧化硫，这些空气污染源会对居民生活造成很大的影响。

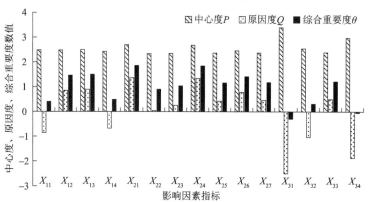

图 8.4　禄劝县生态文明建设影响因素的 P、Q 和 θ

从图 8.4 禄劝县生态文明建设影响因素的 P、Q 和 θ 可以看出，可能的关键因素综合重要度排序为 $\theta_{21}> \theta_{24}> \theta_{13}> \theta_{12}> \theta_{26}> \theta_{33}> \theta_{27}> \theta_{25}> \theta_{23}> \theta_{22}$。禄劝县拥有省级工业园区，该工业园区是以水电业、新型建材业、钛产业等为一体的综合型园区，但大多数产业属于传统的资源型产业，产业链尚处于发育阶段，配套产业和产业集群发展滞后，能源消耗量大。尤其是钛化工产业和磷化工产业的生产过程中会释放大量二氧化硫，禄劝县应加强环境保护治理。

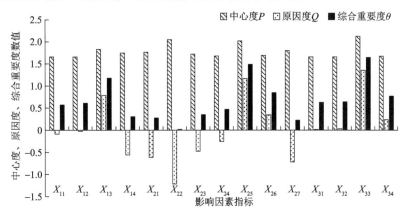

图 8.5　漾濞县生态文明建设影响因素的 P、Q 和 θ

从图 8.5 漾濞县生态文明建设影响因素的 P、Q 和 θ 可以看出，可能的关键因素综合重要度排序为 $\theta_{33}> \theta_{25}> \theta_{13}> \theta_{26}> \theta_{34}> \theta_{32}> \theta_{31}$。有"山城水国"之称的漾濞县境内大小溪流多达 117 条，国家级自然保护区苍山洱海有重要部分隶属该县，旅游业是其重要的支柱产业，丰富的水资源、多样的苍山西坡生物资源等天然的生物旅游资源都需要漾濞县投入相当的财力开展环境保护工作，只有这样才能实现经济发展与生态保护的协调。

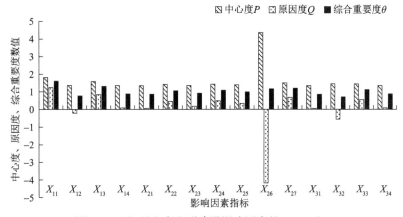

图 8.6　双江县生态文明建设影响因素的 P、Q 和 θ

从图 8.6 双江县生态文明建设影响因素的 P、Q 和 θ 可以看出，可能的关键因素综合重要度排序为 $\theta_{11}>\theta_{13}>\theta_{27}>\theta_{33}>\theta_{24}>\theta_{22}>\theta_{25}>\theta_{23}>\theta_{14}>\theta_{34}>\theta_{21}>\theta_{31}$。生态文明建设和扶贫开发的目的都是改善人的生活条件与居住环境，二者应实现良性互动，但双江县近年贫困对象人口下降幅度不高，扶贫工作进入攻坚期，亟须提升贫困人口的脱贫能力，提高贫困人口的受教育水平，增强其致富的能力和可能性，实现稳定脱贫。

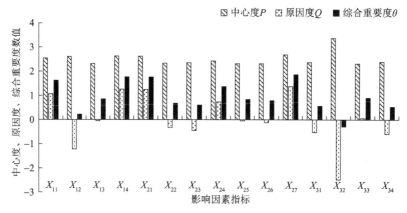

图 8.7　西盟县生态文明建设影响因素的 P、Q 和 θ

从图 8.7 西盟县生态文明建设影响因素的 P、Q 和 θ 可以看出，可能的关键因素综合重要度排序为 $\theta_{27}>\theta_{14}>\theta_{21}>\theta_{11}>\theta_{24}>\theta_{33}$。西盟县城镇化率逐年上升，人口自然增长率也不断提高，生活垃圾产量随之增长，已有的垃圾填埋场本身投入使用的时间不长，处理能力有限，已经很难满足现有的经济社会发展需要，未得到处理的垃圾往往被随意丢弃，不仅会污染水体、大气，还很容易对农田等造成二次污染。

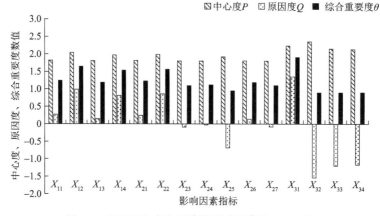

图 8.8　孟连县生态文明建设影响因素的 P、Q 和 θ

从图 8.8 孟连县生态文明建设影响因素的 P、Q 和 θ 可以看出，可能的关键因素综合重要度排序为 $\theta_{31}>\theta_{12}>\theta_{22}>\theta_{14}>\theta_{11}>\theta_{21}>\theta_{13}>\theta_{26}$。孟连县通过实施《孟连县南垒河绿色长廊生态保护与建设规划（2014—2020）》等推进了河流生态保护与修复，增强了对生态公益林和水源林的保护，使河流沿岸的绿色植被得以恢复，林地资源得以综合利用，解决了群众的饮水问题，区域生态环境得到明显的改善。从 2014 年实施生态文明建设规划后，2015 年孟连县的娜允镇成功申报省级生态文明乡镇，省级绿色学校数量也由两个上升为三个。生态规划的实施使孟连县的生态环境保护取得了长足进步，绿色学校数量的增加也有助于学生从小树立起绿色消费、资源节约的生态理念，提升了绿色教育水平，提高了居民的综合素养。

8.4　关键因素分析

本书根据对各县可能的关键因素综合重要度的分析可以得出 15 个影响因素在关键因素中出现的频次，将不同县同一指标的综合重要度取平均值可得出各影响因素的综合重要度。将各影响因素分别按综合重要度、出现频次排序，根据二八定律，分别从两种排序中选择前 20% 的三个因素。将影响因素中既综合重要度高又出现频次高的因素确定为关键因素，并对其进行排序，结果见表 8.2。

表 8.2　生态文明建设的关键因素

序号	关键因素	综合重要度 θ	出现频次
1	二氧化硫排放量（X_{24}）	1.4405	4
2	单位地区生产总值能耗（X_{21}）	1.4150	7
3	初中毛入学率（X_{11}）	1.4063	5
4	贫困对象人口下降率（X_{13}）	1.2267	7

从表 8.2 可以看出，生态文明建设的关键因素按重要度排序依次为二氧化硫排放量（X_{24}）的控制、单位地区生产总值能耗（X_{21}）的降低、初中毛入学率（X_{11}）的提升、贫困对象人口下降率（X_{13}）的提升。少数民族贫困地区大多数属于山区、边境等地区，地形复杂，人口聚集在河谷地区，近地表的表层受到周围山体的影响，出现逆温层低、风小的气候特征，使二氧化硫等大气污染物难以扩散。此外，很多地区经济社会发展相对滞后，仍然依靠从东、中部地区转移的落后产能发展工业和经济，产业链条不完善，实力弱、产业层次偏低，且大多数产业依赖原材料，资源能源消耗量大。扶贫实质上是民生问题，民生与生态环境相辅相成，良好的生态环境是民生的保证，而民生恰恰是生态环境的价值所在。而教育是民生

领域的突出问题，教育扶贫能够让贫困人口获得自我发展、自主脱贫的能力，充分释放出脱贫的内生动力，阻断贫困代际传递。只有使贫困人口从精神上脱贫，扶贫措施才能精准落地。近年来，一些少数民族贫困地区的贫困发生率逐年下降，但扶贫对象人口下降率却有所上升，可以说留下的都是深度贫困地区、深度贫困人口。要打赢扶贫攻坚战，就得瞄准深度贫困地区，找到最困难的那一部分人，解决他们最困难的问题，才能一同走向小康。

8.5　关键因素所属领域分析

本书将研究区域生态文明建设原因度大于 0 的影响因素作为可能的关键因素，根据一级指标出现频数，关键因素所属领域见图 8.9。

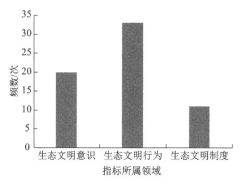

图 8.9　少数民族贫困地区生态文明建设的关键因素所属领域

生态文明意识、生态文明行为和生态文明制度三者是相互依存、相互渗透、相互转化的，生态文明意识起指导作用，生态文明行为起执行作用，生态文明制度起规范作用。从图 8.9 可以看出，少数民族贫困地区生态文明建设的关键因素属于生态文明行为领域的最多，生态文明意识次之，生态文明制度最少。这表明生态文明行为是生态文明建设的直接反映，生态文明意识和生态文明制度会决定生态文明行为，生态文明行为会提升生态文明意识和健全生态文明制度。因此，少数民族贫困地区首先应该关注的是生态文明行为，其次是生态文明意识，最后是生态文明制度。生态文明行为的培养有助于意识的树立、制度的实施，生态文明意识引导生态文明行为习惯的养成、制度的建立，生态文明制度巩固生态文明行为和生态文明意识并加以保障，只有三方面相互配合才能使生态文明建设达到预期成效。从政府、企业和公众三个不同的利益方角度来看，生态文明行为是载体。政府作为生态环境的承担者、管理者、协调者，尤其是少数民族贫困地区的基层政府，更需要在自身树立绿色执政理念的同时，对企业的日常生产行为进行监管，对污染环境的不良生产、生活行为进行严格执法，同时普及生态观念；企业作为经济主体，在经济利益和生态利益之间寻求平衡，但它是以追求经济利益最大化为终极目标，这是不可避免的，然而由于企业体量较大，其生产行为给经济和环境带来的影响是巨大的，特别是少数民族贫困地区生态环境脆弱，更易受到污染和破坏，因此，令其生产行为规范化，以符合生态文明的要求是极其重要及必要的；公众似乎是生态文明建设中影响力最小的群体，但生态文明建设涉及其衣、食、住、行的方方面面，并且每一位政府官员、每一位企业家也是一名公众，应在地区内形成人人约束自己行为的良好氛围。毕竟集贫困、山区、民族为一体的地区，仍处于较为初级的发展阶段，加之地形气候的原因，生态文明行为对环境的正面和负面影响都是立竿见影的，这些地区应加倍受到关注。生态文明意识是导向。政府通过政策、法令影响全社会的价值取向；企业增强责任意识，将生态文化纳入企业文化；公众增强节能、环保维权意识。但各方的主动性、参与程度还需要在追求人与自然和谐发展的道路上逐渐培养。少数民族贫困地区的生态文明意识教育更多的是实际问题和直接问题，是较高层面的问题，如生态权利意识和生态责任意识比较淡薄、生态文化基础尚未建立且较少涉及，生态意识需要在生态文明建设的进程中逐渐提高，这才能加速生态文明建设的发展进程。生态文明制度是标尺，主要涉及政府和企业。严格的生态文明制度让生态文明建设更持久、长效，自生态文明建设首次被写入"十三五"规划后，从中央政府到基层政府都将其纳入执政考核的体系中，国务院等中央部门颁布《大气污染防治行动计划》等文件，目的是形成环境改善、经济发展的倒逼机制。政府自上而下制定和实施环境法律法规，再通过基层政府将其传递到企业，形成绿色生产和生活的良性循环机制，为生态文明建设提供可靠保障。少数民族贫困地区在大环境的引导下，尽力向资源节约、环境友好型社会发展，但中央的政策如何真正落地，还需要在制度的设计、政策的激励下通过生态文明行为在这些地区实施。

8.6　建设措施

（1）在生态文明意识方面，政府需要开拓和发展新思路，扶智、扶志与扶贫相结合，加强东、西部扶贫协作。扶智指的是加强思想文化教育，教育能培养和提高贫困人口的创造性与主动性，要提高少数民族贫困地区初中毛入学率，不仅要对义务教育事业加大政策支持和财政投入力度，还要提高教师队伍素质，甚至运用远程教育等创新形式，更好地实现教育资源共享（齐世明，2006）。扶志，即扶观念，用自强不息的传统文化思想引导贫困人口增强脱贫的信心、树立脱贫致富的意愿，同时深入挖掘少数民族地区的传统文化，用传统文化产品拉动增收。东、西部协作，引进能带动贫困地区发展的劳动密集型企业，向少数民贫困地区提供更多的技术、市场支持，帮助贫困地区长久稳定脱贫，减少贫困人口数量。

（2）在生态文明行为方面，政府应加强对生态行为的规范，进行清洁生产审核，加大监察执法力度。作为责任主体，一方面，政府应对企业进行清洁生产审核，尤其是对高能耗、高排放的重点企业，要施行强制性生产审核，找出企业能耗高、污染重的原因，从原料采购、生产、销售的全过程进行控制，来减少二氧化硫排放量和降低单位地区生产总值能耗；另一方面，政府应联合相关机构履行各自的职责，对企业进行环境监察和执法，完善节能减排的标准，规范监测、考核体系。

（3）在生态文明制度方面，针对少数民族贫困地区的特殊性，政府应实行生态变通立法、补充立法权，用法治的力量引领生态文明建设。各少数民族自治地方的自治机关应充分行使权力，针对本地的保护对象、范围和目标，为当地的生态保护做出专门的变通或补充规定。除了根据环境特征制定法规外，还应建立一种合理的执法机制，以确保立法主旨最大程度的实现。

第9章　少数民族贫困地区生态文明建设的有效路径分析

　　建设生态文明是中华民族永续发展的千年大计，生态文明建设被载入国家的根本大法——《宪法》，生态文明建设已经融入经济、政治、文化、社会各个环节，中国已全面实施环境保护。生态文明建设追求的是人、自然、社会的和谐发展。生态文明建设路径的研究不断进行，并取得了一定的成果。高吉喜和栗忠飞（2014）提出从政治、经济、文化、社会方面实现生态文明建设的路径，蔡文（2010）和薛体伟（2015）从政府、企业、公众和环境非政府组织等生态治理主体的角度提出多元治理的路径，张艳和何爱平（2016）在反思生态环境问题的基础上提出的马克思主义政治经济学的系列生态思想对我国生态文明建设路径具有重要的启示，谷树忠等（2013）在确定了目标和理论基础后提出建设的路径，黄泽海（2015）在明确少数民族山区建设生态文明模式的基础上探寻路径。很多学者从定性角度进行了深入分析。本章从生态治理主体的视角去探索路径，而且路径的选择不仅要找到解决问题的措施，更重要的是如何确定建设路径是有效的，尤其针对少数民族贫困地区，在明确生态文明建设的目标后，如何有效实现。在借鉴相关文献及前几章分析的基础上，运用 BDI 模型，从政府、企业、公众三个主体的角度分析少数民族贫困地区生态文明建设的目标和路径，利用 Netlogo 6.0.2 软件对可能的路径进行多次仿真模拟，得出该地区生态文明建设的有效路径。

9.1　模型构建

　　多主体建模仿真方法中，Cohen 和 Levesque（1990）用形式模型表示意图、时间、事件、信念等概念间的关系和演化的规则与约束，Rao 和 Georgeff（1995）使用三个基本的模态算符构建了理性 Agent（主体）的 BDI 模型，解决了如何确定、实现 Agent 的目标，这种思路也适用于解决路径问题，一些学者也在其他领域的问题上进行了研究。根据少数民族贫困地区的实际情况，从利益相关者的角度看，生态文明建设的主体有政府、企业和公众。本书根据三类主体设计少数民族贫困地区生态文明建设路径的 BDI 模型，包括 Agent 属性设置、Agent 间交互机制的设置。

9.1.1　Agent 属性设置

1. 政府 Agent 属性设置

1）政府 Agent 的信念

信念指的是主体对自身和周围环境现状的认知。在中国现行政体下，中央政府主要进行政策方向的引导，具体的政策还是交由地方政府结合自身情况进行制定和调整，故本书选择拥有自治性和能动性的地方政府进行研究。政府 Agent 的信念可用公式表示为

$$Bg = f\{W,\ F,\ M,\ B\}$$

其中，W 为水利水能资源拥有量；F 为森林资源拥有量；M 为矿产资源拥有量；B 为生物资源拥有量。

2）政府 Agent 的愿望

愿望指的是主体期望未来达到的状态或者目标。生态文明建设追求人与自然和谐共生，人类向往物质层面的发展，而山、水、林、田、湖、草系统需要保持平衡。少数民族贫困地区既要改变贫困的经济状况，又要投入相应的成本来筑牢生态安全屏障。故政府 Agent 的愿望可用公式表示为

$$Dg = E_1 - E_2$$

其中，E_1 为国民生产总值 GDP；E_2 为环境保护投资。

3）政府 Agent 的意图

意图指的是主体对未来要实现的目标和计划的确认与承诺，它是思维的意向方向，即为目前主体要实现的目标。政府为了得到经济效益和环境效用，会对有益于生态文明建设的行为进行生态补偿等形式的鼓励，对有损生态文明建设目标实现的行为进行罚款甚至是关停企业等形式的惩罚。故政府 Agent 的意愿可用公式表示为

$$Ig = f\{S,P\} = S_s \times S_m - (P_e - P_p) \times P_m$$

其中，S 为生态补偿；P 为政府罚款；S_s 为生态功能保护区面积；S_m 为单位生态补偿金额；P_e 为企业实际生产污染物排放量；P_p 为政府污染物排放总量控制中的

企业排放量；P_m 为单位排污费金额。

2. 企业 Agent 属性设置

1）企业 Agent 的信念

企业在制造产品迎合市场需求的同时，会产生废弃物。少数民族贫困地区因其自然地理条件，其企业类型不仅有生物制药、咖啡、茶等从种植到产品生产、销售的企业，这类企业只排放少量的污水、气体；而且有传统的化工、矿产开发等企业，这类企业排放大量的废水、废气及废弃物；或者是旅游业产生的生活垃圾。故企业 Agent 的信念可用公式表示为

$$Be=f\{Q_1,\ Q_2,\ Q_3,\ Q_4\}$$

其中，Q_1 为废水排放量；Q_2 为废气排放量；Q_3 为固体废弃物排放量；Q_4 为生活垃圾排放量。

2）企业 Agent 的愿望

企业是以营利为目的的，所以都希望追求经济效益最大化。故企业 Agent 的愿望可用公式表示为

$$De=\max\{R\text{-}C\}$$

其中，R 为企业的总收入；C 为企业的总成本。

3）企业 Agent 的意图

随着美丽中国理念的深入人心，全社会正在蓬勃开展生态文明建设，企业的环境责任不断提升。企业为了实现自身的营利愿望，根据成本-效益的分析，通过清洁生产审核在一定程度上降低环境成本。故企业 Agent 的意图可用公式表示为

$$Ie=\min\{\text{实际防治成本}+\text{耗费的资源价值}\}$$

$$=\min\left\{\sum_{i=1}^{n}\text{产值}\times\text{实际防治成本系数}\right.$$

$$\left.\times\text{地区系数}\times\text{行业因素}\times\text{环保投入增长系数}+\text{资源价值摊销}\right\}$$

其中，$n=1$，2，3 分别为废水、废气、固体废弃物。

3. 公众 Agent 属性设置

1）公众 Agent 的信念

公众对生态文明建设的认知可划分为：一方面是知，包括对生态文明建设的基本概念等的知晓程度、对生态文明建设准则等的认同程度；另一方面是行，包括对生态文明建设现状的满意程度、对生态文明建设日常友好行为的践行程度。

故公众 Agent 的信念可用公式表示为

$$Bp=（\alpha_1 T_1+\alpha_2 T_2+\alpha_3 T_3+\alpha_4 T_4)/4$$

其中，T_1 为知晓程度；T_2 为认同程度；T_3 为满意程度；T_4 为践行程度；α_1 为知晓程度系数权重；α_2 为认同程度系数权重；α_3 为满意程度系数权重；α_4 为践行程度系数权重；$\alpha_1+\alpha_2+\alpha_3+\alpha_4=1$。

2）公众 Agent 的愿望

公众都希望自己和家人生活在优美的自然风光与健康的生态环境中，在这样的环境中，不仅生物、水文、地文资源丰富，易让人身心愉悦，而且空气、土壤、地表水的质量良好，能给公众提供安全的生存、生活空间，使其拥有生态幸福感。故公众 Agent 的愿望可用公式表示为

$$Dp=（\beta_1 H_1+\beta_2 H_2+\beta_3 H_3)/3$$

其中，H_1 为生态情绪愉悦度；H_2 为生态资源丰盈度；H_3 为生态环境安全度；β_1 为生态情绪愉悦度系数权重；β_2 为生态资源丰盈度系数权重；β_3 为生态环境安全度系数权重；$\beta_1+\beta_2+\beta_3=1$。

3）公众 Agent 的意图

公众为了得到健康、美丽的生态环境，在生态文明建设中应发挥正向的能动作用。只有通过开展经济、政治、文化等多层面、多形式的民主活动，并在保证公众参与到生态文明建设的实质性内容的基础上，适当增加公众参与的次数，才能建立起一个维护公众切身利益、环境良好的社会。公众 Agent 的意图表示为

$$Ip=（A_1+A_2+A_3)\times D\times G$$

其中，A_1 为绿色消费的意愿；A_2 为参与生态文明建设监督的意愿；A_3 为参与生态文明建设宣传倡议的意愿；D 为公众参与的效度；G 为公众参与的频度。

9.1.2 Agent 间交互机制的设置

作为利益相关者，政府、企业和公众三者相互作用，生态文明建设在三者彼此的相互影响下推进。政府 Agent 作为生态文明建设的主导者，通过制定政策来约束企业 Agent 的生产行为、引导公众 Agent 的生活消费行为，并动态地调整政策、规划以实现区域生态文明建设的目标；企业 Agent 同时作为生态文明建设的主体和对象，需对政府 Agent 制定的政策做出响应，如自愿申请清洁生产审核、缴纳排污费等，并结合自身情况从事生产经营活动，同时其排污行为会受到公众 Agent 的监督；公众 Agent 作为生态文明建设的感受者，关注、监督政府 Agent 和企业 Agent 的行为，通过政府网站公开的环境信息了解生态文明建设的状况，

通过上访、邻避运动等方式抗议破坏环境的行为，以获得健康、美丽的居住环境。各 Agent 之间的相互作用机制如图 9.1 所示。

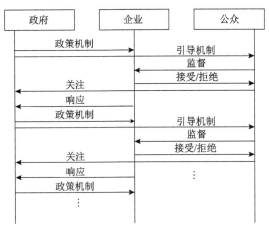

图 9.1　Agent 之间的交互机制

9.2　建设路径分析

本书选择寻甸县的数据进行实证分析，寻甸县主要生活着回族、彝族、苗族等少数民族 10 余万人，其中彝族是占云南总人口数量比例为第一的少数民族，选择寻甸县具有一定的典型性和代表性。

少数民族贫困地区生态文明建设路径需依靠主体来实现，而主体的行为及主体间的相互作用关系决定了路径的走向。故本书站在三个主体的角度分析该地区生态文明建设路径：一是政府进行生态补偿。少数民族贫困地区拥有着丰富的生态资源，大部分是限制或者禁止开发的生态功能保护区，受保护地区不适宜开展经济活动。为了保证环境得到持续改善，可对当地保护者进行经济激励，政府应对生态功能保护区的住户进行生态补偿。本书研究的寻甸县 2017 年的森林覆盖率达 47.65%，属于多山林地区，为保护森林资源进而巩固生态文明建设成果，政府每年向林农发放公益林补偿。二是企业进行清洁生产审核。企业尤其是重点行业企业的日常生产难免会直接排放废弃物，政府应激励企业更多地参与污染物减排工作。如果仅从末端通过昂贵的非生产性污染控制设备处理排放物使其达到环保标准，会大大增加少数民族贫困地区企业的生产成本。因此，政府应引导企业采用清洁生产体系，并鼓励企业自愿进行清洁生产审核，调研并判断带来高能耗、重污染的生产环节，从而选择并施行具有经济技术可行性的、减少废弃物产生的生产方案。三是公众进行清洁能源消费。居民日常生活会消耗能源，从末端对居民生活的用能结构进行改善是有必要的，绿色化能源消费、最小化能源消耗可减少对环境的不良影响。尤其是少数民族贫困地区多以秸秆、薪柴等生物质能作为生活能源，除了利用效率低外，直接燃烧还会产生大量的碳，同时产生温室气体，污染大气。因此，公众应进行绿色能源消费，调整和升级能源消费结构。

9.3 建设有效路径的仿真模拟

9.3.1 仿真技术的选择

路径的实现是一个动态的过程。在模拟和仿真的过程中，应探索实现资源、环境、社会协调发展的生态文明建设的有效路径。本书选用乌里·威伦斯基开创的 Netlogo 6.0.2 软件，将其应用于自然现象和社会现象的建模与仿真中，建模人员可向成千上万独立运行的 Agent 发出命令，进而研究该复杂系统随时间演化的规律。可见，微观层面上的个体行为是可以关联到宏观模式的，且宏观模式是由若干个体涌现形成的。本书首先通过多主体建模方法对生态文明建设的 Agent 进行 BDI 分析，找出少数民族贫困地区生态文明建设的目标，再通过 Netlogo 6.0.2 软件仿真模拟政府、企业和公众相互作用下的有效路径。

9.3.2 仿真参数的设置

为了使仿真模拟更具有现实意义，本书选取 2016 年寻甸县社会生态环境状况的相关统计数据进行仿真分析。寻甸县作为有条件发展工业的地区，在从国家级贫困的农业县转变发展的过程中，属于第一产业大而不强、第二产业量少质低类型，经济发展具有与生态环境保护同等重要的地位。根据寻甸县规模以上工业企业 40 个，人口 470 100 人，农村常住居民人均可支配收入 7524 元，首先，分别设定三个主体的初始数量：政府数量设为 1，规模以上工业企业单位数量设为 40，公众数量设为 470 100。其次，确定三个主体交互作用机制下的宏观环境。自然环境方面，由于研究区域内空气优良天数比例不是均质的，因此，空气优良天数比例的初始值设为（0，100）的随机数，从 0~100 代表空气优良天数比例越来越大。大气自身有净化能力（简称自净能力），但会受到企业排放废气的不良影响，结合屈小娥（2017）的研究，假设少数民族贫困地区目前大气的自净能力要大于企业日常运营废气排放的速度。因此，大气的自净能力设为 0.08，企业日常废气排放量的初值设为 70 吨/天，废气排放量的初始值设为 2.657 万吨/年。社会经济方面，设农村常住居民人均可支配收入的初值为 7524 元。最后，确定生态文明建设路径变量的参数。政府方面：生态公益林补偿金额的初值设 50.43元/（人·年）；企业方面：完成自愿性清洁生产审核的企业数量的初值设为两个；公众方面：农村常住居民清洁能源消耗金额占比的初值设为 0.53。

9.3.3　有效路径实现的标准

Dial（1971）认为交通出行者选择的道路令其离出发点越来越远，离目的地越来越近，才满足有效路径的要求。这就需要对出行者所做的决策进行优化，减少出行者到达终点花费的时间等成本。而少数民族贫困地区生态文明建设的目标是在生态环境质量得到巩固改善的同时，经济得到一定程度的发展。故本章中模型参数优化后的生态文明建设有效路径应满足以下要求：①减量化，即减少废气排放量，同时空气优良天数比例增加，改善环境质量状况。②协调性，在以生态环境保护为前提下，实现经济社会健康、协同发展。具体来说，在本仿真模型中空气优良天数比例呈上升趋势，废气排放量呈下降趋势，且常住居民人均可支配收入增加。③有效性，指的是路径变量参数的改变对生态文明建设目标的实现是有效的，并能缩短时间。

9.4　建设路径仿真结果分析

9.4.1　路径变量对生态文明建设状况影响的假设

路径变量对生态文明建设状况影响的假设有以下几个。

$H_{9.1}$：不同的路径变量影响生态文明建设的不同方面，且影响程度不同。

路径变量要能达到减量化的目的，使环境质量得到改善，才是有效路径。相较于各路径变量取初值时的生态文明建设状况（图 9.2），其他路径变量取初值，生态公益林补偿金额达到 10 000 元/（人·年）时，才会引起空气优良天数比例的上升（图 9.3）；仅令完成自愿性清洁生产审核的企业数量这个路径变量增加一个单位取 3 个，废气排放量呈下降趋势且速度加快（图 9.4）；仅令农村常住居民清洁能源消耗金额占比这一路径变量增加一个单位取 0.63，会增加空气优良天数比例（图 9.5），即政府进行生态补偿、企业进行清洁生产审核这两个路径变量直接影响空气优良天数比例，公众进行清洁能源消费这个路径变量直接影响废气排放量，且企业进行清洁生产审核、公众进行清洁能源消费这两个路径变量对生态文明建设状况的影响最明显。因此，$H_{9.1}$成立。

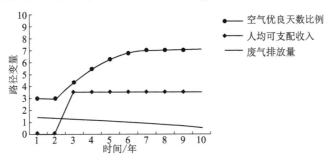

图 9.2　路径变量取初值时，对生态文明建设状况的影响

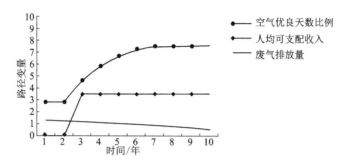

图 9.3 调整政府进行生态补偿变量时，对生态文明建设状况的影响

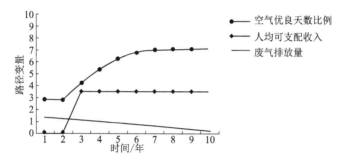

图 9.4 调整企业进行清洁生产审核变量时，对生态文明建设状况的影响

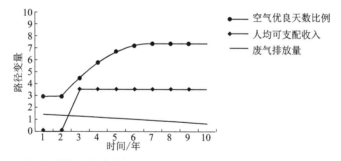

图 9.5 调整公众进行清洁能源消费变量时，对生态文明建设状况的影响

$H_{9.2}$：路径变量能在一定程度上带来生态扶贫效应。

少数民族贫困地区生态文明建设路径应具有协调性，不仅要让生态得到保护，而且要使贫困人口得以脱贫。不论生态公益林补偿金额、完成自愿性清洁生产审核的企业数量、农村常住居民清洁能源消耗金额占比三个路径变量怎么调整，农村常住居民人均可支配收入水平都会在一段时间后逐步上升，但在某一时间点会达到稳定状态（图 9.2、图 9.3）。仅依靠生态补偿只能暂时拉动经济增长，需扶持生态产业才能更好地助力脱贫。因此，$H_{9.2}$ 成立。

$H_{9.3}$：同时调整路径变量会在更短的时间内实现生态文明建设目标。

少数民族贫困地区资源有限，有效的路径应能以更快的速度改进目前生态文明建设的现状。同时使完成自愿性清洁生产审核的企业数量和农村常住居民清洁能源消耗金额占比两个路径变量增加一个单位（图 9.6），要比仅改变其中一个路径变量，使空气优良天数比例上升、废气排放量下降的速度更快。此外，令完成自愿性清洁生产审核的企业数量和农村常住居民清洁能源消耗金额占比两个路径变量分别增加一个单位，当生态公益林补偿金额取 1000 元/（人·年）时（图 9.7），便能引起空气优良天数比例增加。若仅调整生态公益林补偿金额这一个路径变量，只有当生态公益林补偿金额取 10 000 元/（人·年）时，才可能增加空气优良天数比例。与此相比，将政府进行生态补偿、企业进行清洁生产审核、公众进行清洁能源消费三个路径变量同时调整，会缩短实现生态文明建设的目标时间。因此，$H_{9.3}$ 成立。

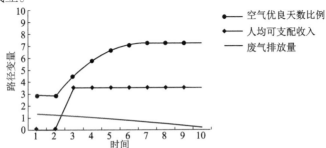

图 9.6　同时调整企业进行清洁生产审核、公众进行清洁能源消费变量时，对生态文明建设状况的影响

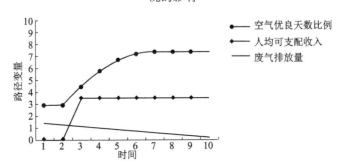

图 9.7　同时调整企业进行清洁生产审核、公众进行清洁能源消费、政府进行生态补偿变量时，对生态文明建设状况的影响

9.4.2　综合分析

从上面的分析中可以看出，同时调整政府进行生态补偿、企业进行清洁生产审核、公众进行清洁能源消费三个路径变量能达到生态文明建设的有效路径，其中单独调整企业进行清洁生产审核、公众进行清洁能源消费这两个路径变量比较有效。这说明生态文明建设是系统性的工程，在政治、经济、社会建设过程中都

要体现出这样的思想理念。政府应健全目前已有的资源生态环境管理制度，如生态补偿制度等，借此凸显生态价值、传递资源有偿使用的理念，以严密的制度为生态文明建设提供保障；转变目前的生产方式，鼓励企业进行清洁生产、实施节能环保重大工程，挖掘新的经济增长点，以绿色的经济为生态文明建设提供持久的动力；倡导公众选择清洁能源等绿色生活消费品，从消费终端减少一个单位的产品消耗，可减少整个生态系统的污染物排放，以绿色的社会氛围为生态文明建设奠定基础。此外，虽然政府在生态文明建设中占主导地位，但企业和公众的行为直接影响生态文明建设的状况，政府应利用市场驱动企业尽可能去承担环境社会责任、宣传并完善公众参与机制，多方合力有效、协调推进生态文明建设。

参 考 文 献

白南生, 何宇鹏. 2002. 回乡, 还是外出? ——安徽四川二省农村外出劳动力回流研究[J]. 社会学研究, (3): 64-78.

包庆德. 2011. 消费模式转型: 生态文明建设的重要路径[J]. 中国社会科学院研究生院学报, (2): 28-33.

蔡洁, 夏显力, 李世平. 2015. 新型城镇化视角下的区域生态效率研究——以山东省 17 地市面板数据为例[J]. 资源科学, (11): 2271-2278.

蔡文. 2010. 当前我国生态文明建设路径的现实选择[J]. 兰州学刊, (2): 44-46, 52.

曹建民, 胡瑞法, 黄季焜. 2005. 技术推广与农民对新技术的修正采用: 农民参与技术培训和采用新技术的意愿及其影响因素分析[J]. 中国软科学, (6): 60-66.

曹洋, 郑思齐, 龙奋杰. 2008. 中国人口流动的驱动力及空间差异研究[C]. 第六届全国土木工程研究生学术论坛. 清华大学: 1-6.

陈斌开, 张鹏飞, 杨汝岱. 2010. 政府教育投入、人力资本投资与中国城乡收入差距[J]. 管理世界, (1): 36-43.

陈兵, 王文川. 2010. 农业产业化经营发展对农村回流劳动力就业的促进作用——基于成都和郑州两村的实证分析[J]. 学术交流, (1): 90-93.

陈传波, 丁士军. 2003. 对农户风险及其处理策略的分析[J]. 中国农村经济, (11), 66-71.

陈刚. 2016. 流动人口进入对本地劳动力市场的影响[J]. 经济学动态, (12): 50-60.

陈海涛, 宋姗姗, 李健佳. 2017. 创业生态系统的信息传播机制及路径研究[J]. 情报理论与实践, 40(9): 101-104.

陈利顶, 马岩. 2007. 农户经营行为及其对生态环境的影响[J]. 生态环境, 16(2): 691-697.

陈柳钦. 2000. 绿色壁垒下的企业行为选择[J]. 经济师, (1): 65.

陈梅, 赵炜涛, 邹雪雅. 2015. 中国两型社会试验区生态效率对比研究[J]. 科技进步与对策, 32(22): 39-45.

陈寿朋. 2008-01-08. 略论生态文明建设[N]. 人民日报, (7).

陈新华, 方凯, 刘洁. 2017. 科技进步对广东省生态效率的影响及作用机制[J]. 科技管理研究, (1): 82-87.

陈怡秀, 胡元林. 2016. 重污染企业环境行为影响因素实证研究[J]. 科技管理研究, 36(13): 260-266.

成金华, 孙琼, 郭明晶, 等. 2014. 中国生态效率的区域差异及动态演化研究[J]. 中国人口・资源与环境, 24(1): 47-54.

程建新, 刘军强, 王军. 2016. 人口流动、居住模式与地区间犯罪率差异[J]. 社会学研究, (3): 218-241.

迟景明. 2012. 资源与能力视角的大学组织创新模式研究[D]. 大连: 大连理工大学.

崔强, 武春友, 匡海波. 2013. BP-DEMATEL 在空港竞争力影响因素识别中的应用[J]. 系统工程理论与实践, 33(6): 1471-1478.

崔越. 2009. 农村剩余劳动力在城乡间双向流动之必要性[J]. 山西高等学校社会科学学报, 21(6): 24-27.

丁霄泉. 2001. 农村剩余劳动力转移对我国经济增长的贡献[J]. 中国农村观察, (2): 18-24.

杜栋. 2018. "紧紧扭住教育这个脱贫致富的根本之策" ——学习习近平教育扶贫相关论述的体会[J]. 党的文献, (2): 30-37.

杜建国, 陈亚琼. 2016. 企业环境创新行为的内涵界定与影响因素分析[J]. 科技管理研究, 36(22): 1-6.

杜熙. 2018. 农村绿色发展与生态文明建设中的人口素质——基于困境与策略的探讨[J]. 理论月刊, (2): 154-160.

杜小敏, 陈建宝. 2010. 人口迁移与流动对我国各地区经济影响的实证分析[J]. 人口研究, 34(3): 77-88.

段娟, 曾菊新. 2004. 城乡劳动力双向流动的障碍及其排除对策[J]. 农业经济, (3): 21, 22.

范晓非, 王千, 高铁梅. 2013. 预期城乡收入差距及其对我国农村劳动力转移的影响[J]. 数量经济技术经济研究, (7): 20-35.

付丽娜, 陈晓红, 冷智花. 2013. 基于超效率 DEA 模型的城市群生态效率研究——以长株潭 "3+5" 城市群为例[J]. 中国人口·资源与环境, 23(4): 169-175.

甘泉. 2000. 论生态文明理念与国家发展战略[J]. 中华文化论坛, (3): 25-30.

高吉喜, 栗忠飞. 2014. 生态文明建设要点探索[J]. 生态与农村环境学报, 30(5): 545-551.

高中华. 2004. 环境问题抉择论: 生态文明时代的理性思考[M]. 北京: 社会科学文献出版社.

巩固, 孔曙光. 2014. 生态文明概念辨析[J]. 烟台大学学报(哲学社会科学版), 27(3): 15-23.

辜胜阻, 孙祥栋, 刘江日. 2013. 推进产业和劳动力 "双转移" 的战略思考[J]. 人口研究, 37(3): 3-10.

谷树忠, 胡咏君, 周洪. 2013. 生态文明建设的科学内涵与基本路径[J]. 资源科学, 35(1): 2-13.

郭思亮, 宋廷山, 刁艳华. 2016. 蓝色经济区生态效率的统计测度[J]. 统计与决策, (12): 91-94.

郭熙保. 2002. 农村剩余劳动及其转移问题: 理论思考与中国的经验[J]. 世界经济, (12): 25-32.

韩喜平, 谢振华. 2000. 浅析农户行为与环境保护[J]. 中国环境管理, (6): 27, 28.

何爱平, 石莹. 2014. 我国城市雾霾天气治理中的生态文明建设路径[J]. 西北大学学报(哲学社会科学版), 44(2): 94-97.

何蒲明, 魏君英. 2003. 试论农户经营行为对农业可持续发展的影响[J]. 农业技术经济, (2): 24-27.

和沁. 2013. 文明观的回归[M]. 北京: 群言出版社.

侯贺平, 刘艳芳, 李纪伟, 等. 2013. 基于改进辐射模型的乡镇人口流动网络研究[J]. 中国人口·资源与环境, 23(8): 107-115.

侯杰泰, 温忠麟, 成子娟. 2004. 结构方程模型及其应用[M]. 北京: 教育科学出版社.

胡洪彬. 2009. 社会资本视角下的生态文明建设路径[J]. 北京工业大学学报(社会科学版), 9(4): 38-43.

胡冀珍. 2013. 云南典型少数民族村落生态旅游可持续发展研究——以沧源翁丁佤寨为例[D]. 北京: 中国林业科学研究院.

胡美琴, 骆守俭. 2008. 跨国公司绿色管理影响因素的实证研究[J]. 中南财经政法大学学报, (4): 37-42.

胡苏云, 王振. 2004. 农村劳动力的外出就业及其对农户的影响[J]. 中国农村经济, (1): 34-40.

环境保护部. 2014-03-24. 全国生态文明意识调查研究报告[N]. 中国环境报, (2).

黄芳铭. 2005. 结构方程模式: 理论与应用[M]. 北京: 中国税务出版社.

黄勤, 曾元, 江琴. 2015. 中国推进生态文明建设的研究进展[J]. 中国人口·资源与环境, 25(2): 111-120.

黄任燕. 2004. 关于加快农村富余劳动力在城乡间双向流动的思考[J]. 农村经济, (9): 89-92.

黄泽海. 2015. 民族山区生态文明建设的理念、模式和路径探析——以武陵山片区为例[J]. 现代农业, (1): 75-80.

姬振海. 2007. 生态文明论[M]. 北京: 人民出版社.

贾伟. 2012. 农村劳动力转移对经济增长与地区差距的影响分析[J]. 中国人口科学, (3): 55-65.

江永红, 马中. 2008a. 环境视野中的农民行为分析[J]. 江苏社会科学, (2): 62-67.

江永红, 马中. 2008b. 农民经济行为与环境问题研究[J]. 中州学刊, (3): 114-118.

蒋华栋. 2017-04-25. 中国在应对气候变化领域展现负责任大国形象[N]. 经济日报, (10).

蒋小华, 卢永忠. 2011. 云南少数民族地区生态文明建设与旅游扶贫联动开发探索[J]. 企业导报, (2): 156, 157.

孔晓妮, 邓峰. 2015. 人口城市化驱动经济增长机制的实证研究[J]. 人口与经济, (6): 32-42.

劳昕, 沈体雁. 2015. 中国地级以上城市人口流动空间模式变化——基于 2000 和 2010 年人口普查数据的分析[J]. 中国人口科学, (1): 15-28.

乐小芳. 2004. 我国农村生活方式对农村环境的影响分析[J]. 农业环境与发展, 21(4): 42-45.

李昌新, 陈晓, 张辉, 等. 2017. 基于灰色关联模型的江苏省农村生态文明建设水平研究[J]. 水土保持通报, 37(3): 107-112.

李春好. 2003. 一种构造 DEA 权重置信域的新方法及应用[J]. 吉林大学学报(工学版), 33(3): 29-34.

李干杰. 2018-03-14. 大力提升新时代生态文明水平[N]. 人民日报, (16).

李佳佳, 罗能生. 2016. 城市规模对生态效率的影响及区域差异分析[J]. 中国人口·资源与环境, 26(2): 129-136.

李剑力. 2009. 探索性创新、开发性创新与企业绩效关系研究——基于冗余资源调节效应的实证分析[J]. 科学学研究, 27(9): 1418-1427.

李健, 邓传霞, 张松涛. 2015. 基于非参数距离函数法的区域生态效率评价及动态分析[J]. 干旱区资源与环境, 29(4): 19-23.

李龙强, 李桂丽. 2016. 民生视角下的生态文明建设探析[J]. 中国特色社会主义研究, (6): 82-87.

李玫兵. 2016. 云南少数民族民间文学中的自然观研究[D]. 昆明: 云南大学.

李平, 曾勇. 2004. 基于非理性行为的羊群效应分析: 一个简单模型[J]. 中国管理科学, 12(3): 34-37.

李强. 2003. 影响中国城乡流动人口的推力与拉力因素分析[J]. 中国社会科学, (1): 125-137.

李青松, 徐国劲, 邓素君, 等. 2016. 基于 DEA-Malmquist-Tobit 模型的河南省生态效率研究[J]. 环境科学与技术, 39(4): 194-199.

李胜兰, 初善冰, 申晨. 2014. 地方政府竞争、环境规制与区域生态效率[J]. 世界经济, (4): 88-110.

李树苗, 王维博, 悦中山. 2014. 自雇与受雇农民工城市居留意愿差异研究[J]. 人口与经济, (2): 12-21.

李拓, 李斌. 2015. 中国跨地区人口流动的影响因素——基于 286 个城市面板数据的空间计量检验[J]. 中国人口科学, (2): 73-83.

李文庆. 2017. 宁夏生态文明建设路径研究[J]. 宁夏社会科学, (S1): 139-143.

李小建, 时慧娜. 2009. 务工回乡创业的资本形成、扩散及区域效应——基于河南省固始县个案的实证研究田[J]. 经济地理, 29(2): 209-214.

李晓阳, 黄毅祥. 2014. 中国劳动力流动与区域经济增长的空间联动研究[J]. 中国人口科学, (1): 55-65.

李晓阳, 林恬竹, 张琦. 2015. 人口流动与经济增长互动研究——来自重庆市的证据[J]. 中国人口科学, (6): 46-55.

李学术, 徐天祥. 2006. 云南省少数民族贫困地区农户生态经济行为研究: 现状与构想[J]. 云南财经大学学报, 22(5): 62-67.

李郇, 殷江滨. 2012. 劳动力回流: 小城镇发展的新动力[J]. 城市规划学刊, (2): 47-53.

李飏, 官波, 李佳. 2014. 少数民族贫困地区生态文明建设与农户经济行为关系探析——以云南洱源为例[J]. 学术探索, (11): 46-50.

李应子. 2016. 云南省流动人口特点及趋势分析[J]. 兰州教育学院学报, 32(3): 31-34.

李永祥. 2008. 国家权力与民族地区可持续发展——云南哀牢山区环境、发展与政策的人类学考察[M]. 北京: 中国书籍出版社.

李云雁. 2010. 企业应对环境管制的战略与技术创新行为[D]. 杭州: 浙江工商大学.

李政大. 2016. 生态文明研究现状、困境与展望[J]. 西安交通大学学报(社会科学版), 36(6): 88-93.

李志辉, 罗平, 洪楠, 等. 2005. SPSS for Windows 统计分析教程[M]. 北京: 电子工业出版社.

励娜, 尹怀庭. 2008. 我国城乡人口流动的驱动因素分析[J]. 西北大学学报(自然科学版), 38(6): 1019-1023.

廖重斌. 1999. 环境与经济协调发展的定量评判及其分类体系——以珠江三角洲城市群为例[J]. 热带地理, 19(2): 171-177.

林真, 李卫华, 丁洪. 2007. 我国新农村建设中的环境污染问题及其治理措施[J]. 农业环境与发展, (1): 32-35.

林震岩. 2007. 多变量分析: SPSS 的操作与应用[M]. 北京: 北京大学出版社.

刘爱玉. 2007. SPSS 基础教程[M]. 上海: 上海人民出版社.

刘芳, 苗旺. 2016. 水生态文明建设系统要素的体系模型构建研究[J]. 中国人口·资源与环境, (5): 117-122.

刘文芝, 张波, 罗丹. 2016. 企业生态文明建设意愿的影响因素分析[J]. 生态经济, 32(5): 219-222.

刘湘溶, 朱翔, 周晚田, 等. 2003. 生态文明: 人类可持续发展的必由之路[M]. 长沙: 湖南师范大学出版社.

刘小勤, 尹记远. 2012. 生态安全视阈下的云南少数民族地区生态文明建设[J]. 云南行政学院学报, 14(4): 96-99.

刘秀梅, 田维明. 2005. 我国农村劳动力转移对经济增长的贡献分析[J]. 管理世界, (1): 91-95.

刘云刚, 燕婷婷. 2013. 地方城市的人口回流与移民战略——基于深圳—驻马店的调查研究[J]. 地理研究, 32(7): 1280-1290.

刘战豫, 孙夏令. 2018. 生态文明视域下物流业结构调整障碍机理与推进策略研究[J]. 青海社会科学, (1): 88-94, 103.

龙丽波, 吴若飞. 2017. 云南少数民族生态文化特征及其价值——基于绿色发展理念[J]. 社会科学家, (6): 152-156.

卢风. 2017. 绿色发展与生态文明建设的关键和根本[J]. 中国地质大学学报(社会科学版), (1): 1-9.

鲁礼新, 马昌河, 鲁奇. 2004. 水城县沙坡村农户经济行为调查研究[J]. 地理研究, 23(2): 218-226.

逯进, 郭志仪. 2014. 中国省域人口迁移与经济增长耦合关系的演进[J]. 人口研究, 38(6): 40-56.

逯进, 周惠民. 2013. 中国省域人力资本与经济增长耦合关系的实证分析[J]. 数量经济技术经济研究, (9): 3-19.

路江涌, 何文龙, 王铁民, 等. 2014. 外部压力、自我认知与企业标准化环境管理体系[J]. 经济科学, (1): 114-125.

罗来军, 罗雨泽, 罗涛. 2014. 中国双向城乡一体化验证性研究——基于北京市怀柔区的调查数据[J]. 管理世界, (11): 60-69, 79.

莫申生. 2008. 政府实施环境管制与企业行为的博弈分析[J]. 科技管理研究, (5): 37-40.

倪珊, 何佳, 牛冬杰, 等. 2013. 生态文明建设中不同行为主体的目标指标体系构建[J]. 环境污染与防治, 35(1): 100-105.

牛建高, 李义超, 李文和. 2005. 农户经济行为调控与贫困地区生态农业发展[J]. 农村经济, (6): 71-74.

牛文元. 2013. 生态文明的理论内涵与计量模型[J]. 中国科学院院刊, 28(2): 163-172.

潘霖. 2011. 中国企业环境行为及其驱动机制研究[D]. 武汉: 华中师范大学.

潘敏. 2009. 在城乡互动中实现农村劳动力"双向"流动[J]. 职业时空, (9): 3-5.

潘岳. 2006. 论社会主义生态文明[J]. 绿叶, (10): 10-18.

潘岳. 2007-03-10. 科学发展观与生态文明[N]. 人民日报海外版, (1).

彭少麟. 2016. 生态文明的社会横向和历史纵向地位分析[J]. 中国科学院院刊, 31(11): 1271-1276.

彭雪蓉. 2014. 利益相关者环保导向、生态创新与企业绩效: 组织合法性视角[D]. 杭州: 浙江大学.

蒲勇健. 2007. 建立在行为经济学理论基础上的委托—代理模型: 物质效用与动机公平的替代[J]. 经济学(季刊), 7(1): 297-318.

乔世明. 2006. 少数民族地区生态环境法制建设研究[J]. 思想战线, 32(3): 99-105.

秦天宝, 段帷帷. 2016. 多元共治视角下湾区城市生态文明建设路径探究[J]. 环境保护, 44(10): 33-36.

秦晓楠, 卢小丽. 2015. 基于 BP-DEMATEL 模型的沿海城市生态安全系统影响因素研究[J]. 管理评论, 27(5): 48-58.

邱昊. 2015. 媒介生态视野下少数民族村寨生态文明建设研究[J]. 学术探索, (10): 137-141.

邱皓政, 林碧芳. 2009. 结构方程模型的原理与应用[M]. 北京: 中国轻工业出版社.

屈小娥. 2017. 中国环境质量的区域差异及影响因素——基于省际面板数据的实证分析[J]. 华东经济管理, 31(2): 57-65.

任俊霖, 李浩, 伍新木, 等. 2016. 长江经济带省会城市用水效率分析[J]. 中国人口·资源与环境, (5): 101-107.

阮荣平, 刘力, 郑风田. 2011. 人口流动对输出地人力资本影响研究[J]. 中国人口科学, (1): 83-91.

沈满洪. 2010-05-17. 生态文明的内涵及其地位[N]. 浙江日报, (1).

施生旭, 郑逸芳. 2014. 福建省生态文明建设构建路径与评价体系研究[J]. 福建论坛(人文社会科学版), (8): 157-163.

时明国, 裴荆城. 2000. 不同地区农户经营行为比较研究[J]. 农业经济问题, 21(5): 38-42.

史忠良. 1999. 产业经济学[M]. 北京: 经济管理出版社.

舒尔茨. 1987. 改造传统农业[M]. 梁小民译. 北京: 商务印书馆.

舒尔茨 T W. 1991. 经济增长与农业[M]. 郭熙保, 周开年译. 北京经济学院出版社.

束洪福. 2008. 论生态文明建设的意义与对策[J]. 中国特色社会主义研究, (4): 54-57.

斯密 A. 1981. 国富论[M]. 严复译. 北京: 商务印书馆.

宋洪远, 庞丽华, 赵长保. 2003. 统筹城乡, 加快农村经济社会发展——当前的农村问题和未来的政策选择[J]. 管理世界, (11): 71-77, 110.

宋明哲. 2003. 现代风险管理[M]. 北京: 中国纺织出版社.

孙付华, 沈菊琴. 2017. 突发水环境污染事件对居民生活质量影响的 ABMS 模型构建研究[J]. 南京社会科学, (8):

90-96, 107.

孙鸿鹄, 程先富, 戴梦琴, 等. 2015. 基于 DEMATEL 的区域洪涝灾害恢复力影响因素及评价指标体系研究——以巢湖流域为例[J]. 长江流域资源与环境, 24(9): 1577-1583.

孙三百, 黄薇, 洪俊杰. 2012. 劳动力自由迁移为何如此重要?——基于代际收入流动的视角[J]. 经济研究, (5): 147-159.

孙文凯, 白重恩, 谢沛初. 2011. 户籍制度改革对中国农村劳动力流动的影响[J]. 经济研究, (1): 28-41.

孙永河, 秦思思, 段万春. 2016. 复杂系统 DEMATEL 关键因素遴选新方法[J]. 计算机工程与应用, 52(8): 229-233.

孙源江, 刘晓红. 2008. 农村人力资源开发与新农村建设——基于舒尔茨人力资本理论的分析[J]. 西南民族大学学报(人文社科版), (5): 100-102.

泰勒尔 J. 1997. 产业组织理论[M]. 马捷等译. 北京: 中国人民大学出版社.

陶良虎, 刘光远, 肖卫康. 2014. 美丽中国: 生态文明建设的理论与实践[M]. 北京: 人民出版社.

田东林, 李永前, 金璟. 2013. 三江并流区域生态环境建设对贫困地区脱贫的影响研究[M]. 昆明: 云南科技出版社.

田文富. 2014. 生态文明的"三维"向度研究[J]. 中州学刊, (1): 83-86.

田映males, 郭跃华, 夏周青. 2009. 民族地区农村环境保护问题探析——以楚雄彝族自治州为例[J]. 云南行政学院学报, 11(6): 164-166.

汪克亮, 孟祥瑞, 程云鹤. 2016. 环境压力视角下区域生态效率测度及收敛性——以长江经济带为例[J]. 系统工程, (4): 109-116.

王帆宇. 2014. 关于生态文明的哲学思考[J]. 生态经济, 30(7): 127-132.

王桂新, 潘泽瀚. 2013. 我国流动人口的空间分布及其影响因素——基于第六次人口普查资料的分析[J]. 现代城市研究, (3): 4-1.

王会, 王奇, 詹贤达. 2012. 基于文明生态化的生态文明评价指标体系研究[J]. 中国地质大学学报(社会科学版), 12(3): 27-31, 138, 139.

王瑾. 2014. 工业技术与资源环境协调发展的实证研究——基于超效率 DEA 生态效率和区域面板数据[J]. 科技管理研究, (22): 208-212.

王利伟, 冯长春, 许顺才. 2014. 传统农区外出劳动力回流意愿与规划响应——基于河南周口市问卷调查数据[J]. 地理科学进展, 33(7): 990-999.

王平达. 2000. 农业可持续发展和农户经济行为[D]. 哈尔滨: 东北农业大学.

王文忠, 姜彭. 2016. 政治不确定性与企业行为: 国外研究述评与展望[J]. 华东经济管理, 30(1): 150-155.

王小鲁, 樊纲. 2004. 中国地区差距的变动趋势和影响因素[J]. 经济研究, (1): 33-44.

王晓峰, 田步伟, 武洋. 2014. 边境地区农村人口流出及影响因素分析——以黑龙江省三个边境县的调查为例[J]. 人口学刊, 36(3): 52-62.

王瑛, 郝国杰. 2008. 基于 SEM 的科技工作者幸福感影响因素分析——以湖南省为例[J]. 科技管理研究, 28(12): 379-381.

王治河. 2007. 中国和谐主义与后现代生态文明的建构[J]. 马克思主义与现实, (6): 46-50.

王忠武. 2003. 企业行为合理化的判断标准及其实现对策[J]. 青岛科技大学学报(社会科学版), (1): 37-39.

闻新. 2015. 应用 MATLAB 实现神经网络[M]. 北京: 国防工业出版社: 109-145.

吴凤章. 2008. 生态文明构建: 理论与实践[M]. 北京: 中央编译出版社.

吴金艳. 2014. 西部地区生态效率测度及其影响因素研究[J]. 学术论坛, (6): 70-75.

吴敬秋. 2004. 农村富余劳动力在城乡之间双向流动就业的路径选择[J]. 湖北省社会主义学院学报, (3): 34-36.

吴连霞, 赵媛, 管卫华, 等. 2016. 江苏省人口一经济耦合与经济发展阶段关联分析[J]. 地域研究与开发, 35(1): 57-63.

吴连霞, 赵媛, 马定国, 等. 2015. 江西省人口与经济发展时空耦合研究[J]. 地理科学, 35(6): 742-748.

吴燕红, 曹斌, 高芳, 等. 2008. 滇西北农村生活能源使用现状及生物质能源开发利用研究——以兰坪县和香格里拉县为例[J]. 自然资源学报, 23(5): 781-789.

武春友, 吴荻. 2009. 市场导向下企业绿色管理行为的形成路径研究[J]. 南开管理评论, (6): 111-120.

向胜斌. 2006. 环境管制过程中的管制者与被管制者行为分析[J]. 环境科学与管理, 31(9): 20-23.

肖卫. 2013. 中国劳动力城乡流动、人力资源优化配置与经济增长[J]. 中国人口科学, (1): 77-87.

谢童伟, 吴燕. 2013. 农村劳动力区域流动的社会福利分配效应分析——基于农村教育人力资本溢出的视角[J]. 中国人口·资源与环境. 23(6): 59-65.

解安. 2011. 中国特色: 城乡互动的双向流动模型[J]. 天津商业大学学报, 31(5): 3-7.

解安. 2011. 谨防农村社会崩溃: 亟待人力资源反哺——人力资源反哺论的运作机理[J]. 人民论坛, (17): 56-58.

解安. 2011. 人力资源反哺论——由福建省南平市相关试验引发的思考[J]. 人民论坛, (23): 226-228.

解道赟. 2012. 少数民族地区政府行为与生态文明建设——以云南省怒江傈僳族自治州为例[J]. 今日湖北(下月刊), (1): 159, 160.

徐春. 2010. 对生态文明概念的理论阐释[J]. 北京大学学报(哲学社会科学版), 47(1): 61-63.

徐国东, 郭鹏, 于明洁. 2011. 基于 DEMATEL 知识联盟中知识转移影响因素识别研究[J]. 科学学与科学技术管理, 32(5): 60-63.

徐梅, 李朝开, 李红武. 2011. 云南少数民族聚居区生态环境变迁与保护——基于法律人类学的视角[J]. 云南民族大学学报(哲学社会科学版), 28(2): 31-36.

许召元, 李善同. 2008. 区域间劳动力迁移对经济增长和地区差距的影响[J]. 数量经济技术经济研究, (2): 38-52.

薛体伟. 2015. 从生态治理主体谈我国生态文明建设路径[J]. 沈阳干部学刊, 17(6): 38-40.

严法善, 刘会齐. 2014. 基于环境利益获取与维持的生态文明建设[J]. 复旦学报(社会科学版), 56(2): 153-158.

严若森, 叶云龙, 江诗松. 2016. 企业行为理论视角下的家族企业异质性、R&D 投入与企业价值[J]. 管理学报, 13(10): 1499-1508.

杨桂芳, 李小兵, 和仕勇. 2012. 少数民族地区世界遗产地的生态文明建设研究: 以云南为例[M]. 昆明: 云南人民出版社.

杨红娟, 胡静, 刘红琴. 2014. 云南少数民族农户生产及生活能源碳排放测评[J]. 中国人口·资源与环境, 24(11): 9-16.

杨红娟, 夏莹, 官波. 2015. 少数民族地区生态文明建设评价指标体系构建——以云南省为例[J]. 生态经济, 31(4): 170-173.

杨卫军. 2013. 从可持续发展到建设美丽中国: 党的生态文明建设思想的演进与实现路径[J]. 探索, (4): 4-8.

杨志华, 严耕. 2012a. 中国当前生态文明建设关键影响因素及建设策略[J]. 南京林业大学学报(人文社会科学版), 12(4): 60-66.

杨志华, 严耕. 2012b. 中国生态文明建设的六大类型及其策略[J]. 马克思主义与现实, (6): 182-188.

姚霖. 2014. 生态文明建设不应忽视对少数民族生态文化的采撷[J]. 云南民族大学学报(哲学社会科学版), 31(6): 78-82.

姚旻. 2009. 生态文明与西部民族地区经济发展[J]. 中国流通经济, (12): 63-66.

叶谦吉. 1987-06-23. 真正的文明时代才刚刚起步——叶谦吉教授呼吁开展"生态文明建设"[N]. 中国环境报, (1).

易丹辉. 2008. 结构方程模型方法与应用[M]. 北京: 中国人民大学出版社.

殷江滨. 2015. 劳动力回流的影响因素与就业行为研究进展[J]. 地理科学进展, 34(9): 1084-1095.

于潇, 孙悦. 2017. 城镇与农村流动人口的收入差异——基于 2015 年全国流动人口动态监测数据的分位数回归分析[J]. 人口研究, (1): 84-97.

余谋昌. 2010. 生态文明论[M]. 北京: 中央编译出版社.

俞可平. 2005. 科学发展观与生态文明[J]. 马克思主义与现实, (4): 4, 5.

袁志刚, 解栋栋. 2011. 中国劳动力错配对 TFP 的影响分析[J], 经济研究, (7): 4-17.

张迪, 张象枢, 陈禹. 2009. 企业发展循环经济的行为分析模型研究[J]. 生态经济, (6): 28-32.

张殿发, 欧阳自远, 王世杰. 2001. 中国西南喀斯特地区人口、资源、环境与可持续发展[J]. 中国人口·资源与环境, 11(1): 77-81.

张广婷, 江静, 陈勇. 2010. 中国劳动力转移与经济增长的实证研究[J], 中国工业经济, (10): 15-23.

张宏伟, 阿如旱, 孙紫英, 等. 2017. 基于 GIS 的阴山北麓地区土地生态安全评价[J]. 安全与环境学报, 17(6):

2421-2426.

张力. 2015. 流动人口对城市的经济贡献剖析: 以上海为例[J]. 人口研究, 39(4): 57-65.

张连华, 王文波, 邓泽宏, 等. 2018. 基于 DPSIR 模型的企业环境行为评价体系研究[J]. 安全与环境学报, 18(1): 342-348.

张嫚. 2005. 环境规制约束下的企业行为[D]. 大连: 东北财经大学.

张嫚. 2015. 环境规制与企业行为间的关联机制研究[J]. 财经问题研究, (4): 34-39.

张明军. 2017. 云南民族地区经济发展与生态建设耦合研究[D]. 昆明: 云南师范大学.

张铭洪, 施宇, 李星. 2014. 公共财政扶贫支出绩效评价研究——基于国家扶贫重点县数据[J]. 华东经济管理, (9): 39-42.

张清宇, 秦玉才, 田伟利. 2011. 西部地区生态文明指标体系研究[M]. 杭州: 浙江大学出版社: 197-200.

张世伟, 赵亮. 2009. 农村劳动力流动的影响因素分析——基于生存分析的视角[J]. 中国人口·资源与环境, 19(4): 101-106.

张小军. 2012. 企业绿色创新战略的驱动因素及绩效影响研究[D]. 杭州: 浙江大学.

张晓娣. 2015. 生态效率变动的产业及要素推动: 基于投入产出和系统优化模型[J]. 自然资源学报, 30(5): 748-760.

张欣, 王绪龙, 张巨勇. 2005. 农户行为对农业生态的负面影响与优化对策[J]. 农村经济, (11): 95-98.

张新伟, 余国合, 吴巧生. 2017. 生态文明建设关键影响因素及其效应分析——基于 FCM 方法[J]. 财会通讯, (32): 39-44.

张学刚, 钟茂初. 2011. 政府环境监管与企业污染的博弈分析及对策研究[J]. 中国人口·资源与环境, 21(2): 31-35.

张艳, 何爱平. 2016. 生态文明建设的理论基础及其路径选择——马克思主义政治经济学视角[J]. 西北大学学报 (哲学社会科学版), 46(2): 120-125.

张源颖. 2000. 论企业行为合理化的内在要求及外在条件[J]. 长春市委党校学报, (3): 31-33.

张跃, 王国聘, 杨加猛. 2013. 构建西南农村少数民族地区生态文明建设体系——以云南红河哈尼族彝族自治州为例[J]. 安徽农业科学, 41(23): 9675-9677.

张跃. 2014. 云南农村少数民族环境伦理意识研究[D]. 南京: 南京林业大学.

张云飞. 2015. 生态理性: 生态文明建设的路径选择[J]. 中国特色社会主义研究, (1): 88-92.

张宗益, 周勇, 卢顺霞, 等. 2007. 西部地区农村外出劳动力回流: 动因及其对策[J]. 统计研究, 24(12): 9-15.

章涛, 朱麟, 季加东, 等. 2015. 基于 R 软件的缺失数据 MICE 填补效果研究[J]. 中国卫生统计, 32(4): 580-584.

赵保华. 2008. 生态农业: 农村生态文明建设的着力点[J]. 群众, (2): 24-25.

赵兵. 2010. 当前生态文明建设的新动向和路径选择[J]. 西南民族大学学报(人文社科版), (2): 152-154.

赵虹. 2014. 少数民族地区生态文明意识研究[J]. 楚雄师范学院学报, 29(11): 69-73.

赵石, 包喜利. 2003. 影响农户经济行为的因素分析[J]. 黑龙江农业, (6): 21, 22.

郑华伟, 高洁芝, 臧玉杰, 等. 2017. 农村生态文明建设农民满意度分析[J]. 水土保持通报, 37(4): 52-57.

钟瑶奇. 2010. 城乡劳动力双向流动机制研究[J]. 科学咨询(科技·管理), (19): 40, 41.

周生贤. 2009. 积极建设生态文明[J]. 求是, (22): 30-32.

周涛, 鲁耀斌. 2006. 结构方程模型及其在实证分析中的应用[J]. 工业工程与管理, (5): 99-102.

朱洪波. 2008. 中小企业成功影响机制的结构方程实证研究——基于 105 家江苏企业的分析[J]. 生产力研究, (17): 136-138, 157.

朱庆华, 杨启航. 2013. 中国生态工业园建设中企业环境行为及影响因素实证研究[J]. 管理评论, (3): 119-125, 158.

朱晓宇. 2006. 农村经济与环境协调发展的对策研究——以东部经济发达地区的农村为例[D]. 杭州: 浙江大学.

邹湘江. 2011. 基于"六普"数据的我国人口流动与分布分析[J]. 人口与经济, (6): 23-27.

邹治将, 侯晓红. 2008. 基于 SEM 的影响企业理财能力因素的研究——来自沪市上市公司的证据[J]. 中国管理信息化, 11(10): 47-49.

Acemoglu D, Zilibotti F. 2001. Productivity differences[J]. Quarterly Journal of Economics, 116(2): 563-606.

Ager P, Brückner M. 2013. Cultural diversity and economic growth: evidence from the US during the age of mass migration[J]. European Economic Review, 64（2）: 76-97.

Albelda R. 1999. Women and poverty: beyond earnings and welfare[J]. The Quarterly Review of Economics & Finance, 39（5）, 723-742.

Anderson L M, Bateman T S. 2000. Individual environment initiative: championing natural environment issues in US business organizations[J]. The Academy of Management Journal, 43（4）: 548-570.

Avery C, Zemsky P. 1998. Multidimensional uncertainty and herd behavior in financial markets[J]. The American Economic Review, 88（4）: 724-748.

Bai C G, Sarkis J. 2013. A grey-based DEMATEL model for evaluating business process management critical success factors[J]. International Journal of Production Economics, 146（1）: 281-292.

Bruno M. 1972. Domestic resource costs and effective protection: clarification and synthesis[J]. Journal of Political Economy, 80（1）: 16-33.

Banerjee S B. 2001. Managerial perceptions of corporate environmentalism: interpretations from industry and strategic implications for organizations[J]. Journal of Management Studies, 38（4）: 489-513.

Bansal P, Roth K. 2000. Why companies go green : a model of ecological responsiveness[J]. The Academy of Management Journal, 43（4）, 717-736.

Bar-El R, Felsenstein D. 1990. Entrepreneurship and rural industrialization: comparing urban and rural patterns of locational choice in Israel[J]. World Development, 18（2）: 257-267.

Bastia T. 2011. Should I stay or should I go? Return migration in times of crises[J]. Journal of International Development, 23（4）: 583-595.

Basu S, Weil D N. 1998. Appropriate technology and growth[J]. The Quarterly Journal of Economics, 113（4）: 1025-1054.

Becker G S. 1965. A theory of the allocation of time[J]. The Economic Journal, 75（299）: 493-517.

Becker G S. 1976. The Economic Approach to Human Behavior [M]. Chicago: University of Chicago Press.

Bednaříková, Z. Bavorová M, Ponkina E V. 2016. Migration motivation of agriculturally educated rural youth: the case of Russian Siberia[J]. Journal of Rural Studies, 45: 99-111.

Biglan A. 2009. The role of advocacy organizations in reducing negative externalities[J]. Journal of Organizational Behavior Management, 29（3/4）: 215-230.

Blanco E, Rey-Maquieira J, Lozano J. 2009. The economic impacts of voluntary environmental performance of firms: a critical review[J]. Journal of Economic Surveys, 23（3）: 462-502.

Börner J, Mendoza A, Vosti S A. 2007. Ecosystem services, agriculture, and rural poverty in the eastern Brazilian Amazon: interrelationships and policy prescriptions[J]. Ecological Economics, 64（2）: 356-373.

Bove V, Elia L. 2017. Migration, diversity, and economic growth[J]. World Development, 89: 227-239.

Brown L R. 1981. Building a Sustainable Society[M]. New York: Norton.

Buysee K, Verbeke A. 2003. Proactive environmental strategies: a stakeholder management perspective[J]. Strategic Management Journal, 24（5）: 453-470.

Camarero M, Castillo J, Picazo-Tadeo A J, et al. 2013. Eco-efficiency and convergence in OECD countries[J]. Environmental and Resource Economics, 55（1）: 87-106.

Camerer C, Thaler R. 1995. Correspondence[J]. Journal of Economic Perspectives, 9（4）: 239, 240.

Cao B Fu K, Tao J, et al. 2015. GMM-based research on environmental pollution and population migration in Anhui province, China. [J]. Ecological Indicators, 51: 159-164.

Carson R. 2002. Silent Spring[M]. Boston: Houghton Mifflin Company.

Chandler A D. 1962. Strategy and Structure: Chapters in the History of the American Industrial Enterprise[M]. Cambridge: MIT Press.

Charnes A, Cooper W W, Rhodes E. 1978. Measuring the efficiency of decision making units[J]. European Journal of Operational Research, 2（6）: 429-444.

Chen Y S, Lai S B, Wen C T. 2006. The influence of green innovation performance on corporate advantage in Taiwan[J]. Journal of Business Ethics, 67(4): 331-339.

Christie W G, Huang R D. 1995. Following the pied piper: do individual returns herd around the market? [J]. Financial Analysts Journal, 51(4): 31-37.

Christmann P. 2000. Effects of "best practices" of environmental management on cost advantage: the role of complementary assets[J]. The Academy of Management Journal, 43(4): 663-680.

Clemens M A, Özden Ç, Rapoport H. 2014. Migration and development research is moving far beyond remittances[J]. World Development, 64: 121-124.

Cohen P R, Levesque H J. 1990. Intention is choice with commitment[J]. Artificial Intelligence, 42(2-3): 213-261.

Conley T, Christopher U. 2001. Social learning through networks: the adoption of new agricultural technologies in Ghana[J]. American Journal of Agricultural Economics, 83(3): 668-673.

Cronbach L J. 1951. Coefficient alpha and the internal structure of Tests[J]. Psychometrika, 16(3): 297-334.

de Haas H, Fokkema C. 2011. The effects of integration and transnational ties on international return migration intentions[J]. Demographic Research, 25: 755-782.

de Haas H. 2010. Migration and development: a theoretical perspective[J]. International Migration Review, 44(1): 227-264.

Deaton A, Paxson C. 2000. Growth and saving among individuals and households[J]. The Review of Economics and Statistics, 82(2): 212-225.

Defourny J, Thorbecke E. 1984. Structural path analysis and multiplier decomposition within a social accounting matrix framework[J]. The Economic Journal, 94(373): 111-136.

Delmas M, Toffel M W. 2004. Stakeholders and environmental management practices: an institutional framework[J]. Business Strategy and the Environment, 13(4): 209-222.

Demirel P, Kesidou E. 2011. Stimulating different types of eco-innovation in the UK: government policies and firm motivations[J]. Ecological Economics, 70(8): 1546-1557.

Démurger S, Xu H. 2011. Return migrants: the rise of new entrepreneurs in rural China[J]. World Development, 39(10): 1847-1861.

Dial R B. 1971. A probabilistic multipath traffic assignment model which obviates path enumeration[J]. Transportation Research, 5(1): 83-111.

Dimaggio P J, Powell W W. 1983. The iron cage revisited: institutional isomorphism and collective rationality in organizational fields[J]. American Sociological Review, 48(2): 147-160.

Downing P B, White L J. 1986. Innovation in pollution control[J]. Journal of Environmental Economics and Management, 13(1): 18-29.

Dustmann C, Bentolila S, Faini R. 1996. Return migration: the European experience[J]. Economic Policy, 11(22): 213-250.

Dustmann C, Kirchkamp O. 2002. The optimal migration duration and activity choice after re-migration[J]. Journal of Development Economics, 67(2): 351-372.

Engau C, Hoffmann V H. 2009. Effects of regulatory uncertainty on corporate strategy—an analysis of firm's responses to uncertainty about post-Kyoto policy[J]. Environmental Science & Policy, 12(7): 766-777.

Fan S Y, Zhou L H. 2001. Desertification control in China: possible solution[J]. Ambio, 30(6): 384,385.

Färe R, Grosskopf S, Tyteca D. 1996. An activity analysis model of the environmental performance of firms—application to fossil-fuel-fired electric utilities[J]. Ecological Economics, 18(2): 161-175.

Fidrmuc J. 2004. Migration and regional adjustment to asymmetric shocks in transition economies[J]. Journal of Comparative Economics, 32(2): 230-247.

Fingleton B. 2001. Equilibrium and economic growth: spatial econometric models and simulations[J]. Journal of Regional Science, 41(1): 117-147.

Frondel M, Horbach J, Rennings K. 2008. What triggers environmental management and innovation? Empirical evidence for Germany[J]. Ecological Economics, 66(1): 153-160.

Gamlen A. 2010. The new migration and development optimism: a review of the 2009 Human Development Report[J]. Global Governance, 16(3): 415-422.

Gangadharan L. 2006. Environmental compliance by firms in the manufacturing sector in Mexico[J]. Ecological Economics, 59(4): 477-486.

Gezici F, Hewings G J D. 2004. Regional convergence and the economic performance of peripheral areas in Turkey[J]. Review of Urban and Regional Development Studies, 16(2): 113-132.

Hambrick D C. 2007. Upper echelons theory: an update[J]. The Academy of Management Review, 32(2): 334-343.

Hare D. 1999. 'Push' versus 'pull' factors in migration outflows and returns: determinations of migration status and spell duration among China's rural population[J]. The Journal of Development Studies, 35(3): 45-72.

Hart S L, Ahuja G. 1996. Does it pay to be green? An empirical examination of the relationship between emission reduction and firm performance[J]. Business Strategy and the Environment, 5(1): 30-37.

Hartl R F, Kort P M. 1997. Optimal input substitution of a firm facing an environmental constraint[J]. European Journal of Operational Research, 99(2): 336-352.

Hellweg S, Doka G, Finnveden G, et al. 2005. Assessing the eco-efficiency of end-of-pipe technologies with the environmental cost efficiency indicator: a case study of solid waste management [J]. Journal of Industrial Ecology, 9(4): 189-203.

Hitchens D, Clausen J, Trainor M, et al. 2003. Competitiveness, environmental performance and management of SMEs[J]. Greener Management International, (44): 44-57.

Huo J, Wang X M, Zhao N, et al. 2016. Statistical characteristics of dynamics for population migration driven by the economic interests[J]. Physica A: Statistical Mechanics and its Applications, 451: 123-134.

Hussey D M, Eagan P D. 2007. Using structural equation modeling to test environmental performance in small and medium-sized manufacturer: can SEM help SMEs? [J]. Journal of Cleaner Production, 15(4): 303-312.

Jorgenson D W, Wilcoxen P J. 1990. Environmental regulation and US economic growth[J]. The Rand Journal of Economics, 21(2): 314-340.

Judge W Q, Douglas T J. 1998. Performance implications of incorporating natural environmental issues into the strategic planning process: an empirical assessment[J]. Journal of Management Studies, 35(2): 241-262.

Kahneman D, Tversky A. 1979. Prospect theory: an analysis on decision under risk[J]. Econometrica, 47(2): 263-292.

Kaplan S, Grünwald L, Hirte G. 2016. The effect of social networks and norms on the inter-regional migration intentions of knowledge-workers: the case of Saxony, Germany[J]. Cities, 55: 61-69.

Khanna M, Quimio W R H, Bojilova D. 1998. Toxics release information : a policy tool for environmental protection[J]. Journal of Environmental Economics and Management, 36(3): 243-266.

Khor M. 2011. Risks and uses of the green economy concept in the context of sustainable development, poverty and equity[R]. Rio de Janeiro: World Commission on Environment and Development.

Kishore V V N, Bhandari P M, Gupta P. 2004. Biomass energy technologies for rural infrastructure and village power—opportunities and challenges in the context of global climate change concerns[J]. Energy Policy , 32(6): 801-810.

Klrdar M G, Saracoğlu D S. 2008. Migration and regional convergence: an empirical investigation for Turkey[J]. Papers in Regional Science, 87(4): 545-566.

Lall S V, Selod H, Shalizi Z. 2006. Rural-urban migration in developing countries: a survey of theoretical predictions and empirical findings[J]. Policy Research Working Paper, (1): 1-63.

Landon-lane J S, Robertson P E. 2009. Factor accumulation and growth miracles in a two-sector neoclassical growth model[J]. The Manchester School, 77(2): 153 -170.

Leiss W. 1972. The domination of nature[J]. Technology & Culture, 14(3): 163-167.

Leiss W. 1976. The Limit to Sarisfaction[M]. Toronto: the University of Toronto Press.

Lin G C S. 1999. Transportation and metropolitan development in China's Pearl River Delta: the experience of Panyu[J]. Habitat International, 23 (2) : 249-270.

Lindblom C E. 1977. Politics and Markets[M]. New York: Basic Books.

Lipton M. 1968. The theory of the optimizing peasant[J]. Journal of Development Studies, (4) : 327-351.

Liu Y. 2009. Investigating external environmental pressure on firms and their behavior in Yantze River Delta of China[J]. Journal of Cleaner Production, 17(16): 1480-1486.

López-Gamero M D, Molina-Azorín J F, Clavér-Cortés E. 2010. The potential of environmental regulation to change managerial perception, environmental management, competitiveness and financial performance[J]. Journal of Cleaner Production, 18 (10) , 963-974.

Ma Z D. 2001. Urban labor - force experience as a determinant of rural occupation change: evidence from recent urban - rural return migration in China[J]. Environment and Planning A: Economy and Space, 33 (2) : 237-255.

Ma Z D. 2002. Social-capital mobilization and income returns to entrepreneurship: the case of return migration in rural China[J]. Environment and Planning, 34 (10) : 1763-1784.

Ma Z. 1999. Temporary migration and regional development in China[J]. Environment and Planning A, 31 (5) : 783-802.

Magdoff F. 2012. Harmony and ecological civilization: beyond the capitalist alienation of nature[J]. Monthly Review, 64 (2) : 1-9.

March J G, Simon H A. 1958. Organizations[M]. New York: Wiley: 26, 27.

Martinelli A, Midttun A. 2012. Introduction: towards green growth and multilevel governance[J]. Energy Policy, 48: 1-4.

Mattew R. 1997. The rational foundations of economic behaviour: proceeding of the IEA conference held in Turin, Italy[J]. Journal of Economic Literature, 35 (4) : 2045, 2046.

Mir D F, Feitelson E. 2007. Factors affecting environmental behavior in micro-enterprises: laundry and motor vehicle repair firms in Jerusalem[J]. International Small Business Journal, 25 (4) : 383-415.

Moon S-G, Bae S. 2011. State-level institutional pressure, firms' organizational attributes, and corporate voluntary environmental behavior[J]. Society&Natural Resources, 24 (11) : 1189-1204.

Morrison R S. 2007. Building an ecological civilization[J]. Social Anarchism: A Journal of Theory & Practice, (38) : 1-18.

Morrison R. 1995. Ecological Democracy[M]. Boston: South End Press.

Murphy R. 1999. Return migrant entrepreneurs and economic diversification in two counties in south Jiangxi, China[J]. Journal of International Development, 11 (4) : 661-672.

Nannen V, van den Bergh J C J M. 2010. Policy instruments for evolution of bounded rationality: application to climate-energy problems[J]. Technological Forecasting and Social Change, 77(1): 76-93.

Nohria N, Gulati R. 1996. Is slack good or bad for innovation? [J]. Academy of Management Journal, 39 (5) : 1245-1264.

OECD. 2011. A tool for green growth[R]. Pittsburgh: Organisation for Economic Co-operation and Development.

OECD. 2011. Towards green economy—comprehensive report on green growth strategy[R]. Paris: Organisation for Economic Co-operation and Development.

Owens T, Hoddinott J, Kinsey B. 2003. The impact of agricultural extension on farm production in resettlement areas of Zimbabwe[J]. Economic Development and Cultural Change, 51(2): 337-357.

özen S, Küskü F. 2009. Corporate environmental citizenship variation in developing countries: an institutional framework[J]. Journal of Business Ethics, 89 (2) : 297-313.

Pereira R S. 1972. The limits to growth—a report for the club of Rome's project on the predicament of Mankind Earth Island, Ltd. [J]. Análise Social, 9 (34) : 458-460.

Picazo-Tadeo A J, Beltrán-Esteve M, Gómez-Limón J A. 2012. Assessing eco-efficiency with directional distance functions [J]. European Journal of Operational Research, 220 (3) : 798-809.

Porter M E, van der Linde C. 1995. Toward a new conception of the environment-competitiveness relationship[J]. The

Journal of Economic Perspectives, 9 (4): 97-118.

Rao A S, Georgeff M P. 1995. BDI agents: from theory to practice[J]. 13 (10): 816-825.

Riveriro D. 2008. Environmental policy and commercial policy: the strategic use of environmental regulation[J]. Economic Modelling, 25(6): 1183-1195.

Rugman A M, Verbeke A. 1998. Corporate strategies and environmental regulations: an organizing framework[J]. Strategic Management Journal, 19(4): 363-375.

Samuelson W, Zeckhauser R. 1988. Status quo bias in decision making[J]. Journal of Risk and Uncertainty, 1(1): 7-59.

Schultz T W. 1964. Traditional Agriculture[M]. New Haven: Yale University Press.

Sharma S. 2000. Managerial interpretations and organizational context as predictors of corporate choice of environmental strategy[J]. Academy of Management journal, 43 (4): 681-697.

Singh J V. 1986. Performance, slack, and risk taking in organizational decision making[J]. Academy of Management Journal, 29 (3): 562-585.

Sjaastad L A. 1962. The costs and returns of human migration[J]. Journal of Political Economics, 70(5): 80-93.

Stern N. 2007. The economics of climate change[J]. Nature, 378 (6556): 433.

Stern P C, Oskamp S. 1987. Managing scarce environmental resources[J]. Handbook of Environmental Psychology, 2: 1043-1088.

Temple J, Wößmann L. 2006. Dualism and cross-country growth regressions[J]. Journal of Economic Growth, 11 (3): 187-228.

Theodore W S. 1963. The Economic Value of Education[M]. New York: Columbia University Press.

Tian W M, Liu X M, Kang X. 2004. Social viability roles of the agricultural sector in China[J]. The Electronic Journal of Agricultural and Development Economics, 1 (1): 25-44.

Todaro M P. 1969. A model of labor migration and urban unemployment in less developed countries[J]. The American Economic Review, 59(1): 138-148.

Tone K. 2001. A slacks-based measure of efficiency in data envelopment analysis [J]. European Journal of Operational Research, 130 (3): 498-509.

Tone K. 2002. A slack-based measure of super-efficiency in data envelopment analysis [J]. European Journal of Operational Research, 143 (1): 32-41.

Töpfer K. 2000. Rural poverty, sustainability and rural development in the twenty-first century: a focus on human settlements[J]. Zeitschrift Für Kulturtechnik Und Landentwicklung, (41): 98-105.

Tucker P, Murney G, Lamont J. 1998. Predicting recycling scheme performance: a process simulation approach[J]. Journal of Environmental Management, 53 (1): 31-48.

Tversky A, Kahneman D. 1991. Loss aversion in riskless choice: a reference-dependent model[J]. The Quarterly Journal of Economics, 106(4): 1039-1061.

United Nations Environment Programme. 1972. Declaration of the United Nations Conference on the Human Environment, Stockholm 1972[C]. Stockholm: the United Nations Conference on the Human Environment .

Unwin T. 1997. Agricultural restructuring and integrated rural development in Estonia[J]. Journal of Rural Studies, 13 (1): 93-112.

Vernon R. 1966. Inernational investment and international trade in the product cycle[J]. The Quarterly Journal of Economics, 80(2): 190-207.

Vollrath D. 2009. How important are dual economy effects for aggregate productivity[J]. Journal of Development Economics, 88(2): 325 -334.

Voss G B, Sirdeshmukh D, Voss Z G. 2008. The effects of slack resources and environmental threat on product exploration and exploitation[J]. Academy of Management Journal, 51 (1): 147-164.

Wang W W, Fan C C. 2006. Success or failure: selectivity and reasons of return migration in Sichuan and Anhui, China[J]. Environment and Planning A, 38 (5): 939-958.

WCED. 2011. Transition to a green economy: benefits "challenges" and risks from a sustainable development perspective[R]. Rio de Janeiro: UNCTAD.

Weir S, Knight J. 2000. Adoption and diffusion of agricultural innovations in Ethiopia: the role of education[J]. CASE Working Paper: 1-22.

Welch E W, Mori Y, Aoyagi-Usui M. 2002. Voluntary adoption of ISO 14001 in Japan: mechanisms, stages and effects[J]. Business Strategy and the Environment, 11 (1): 43-62.

Wilensky U. 1999. Netlogo: Center for connected learning and computer-based molding[EB/OL]. http://ccl. northwestern. edu/netlogo/[2018-05-10].

Williamson J G. 1965. Regional inequality and the process of national development: a description of the patterns[J]. Economic Development and Cultural Change, 13 (4): 1-84.

Woo C K, Hartman R S, Doane M J. 1991. Consumer rationality and the status quo[J]. Quarterly Journal of Economics, 106 (1): 141-162.

World Commission on Environment and Development. 1987. Our common future[J]. Oxford England Oxford University Press, 11 (1): 53-78.

Yam R C M, Guan J C, Pun K F, et al. 2004. An audit of technological innovation capabilities in Chinese firms: some empirical finding in Beijing, China[J]. Research Policy, 33(8): 1123-1140.

Yang J L, Tzeng G-H. 2011. An integrated MCDM technique combined with DEMATEL for a novel cluster-weighted with ANP method[J]. Expert Systems with Applications, 38 (3): 1417-1424.

Zhang K H, Song S. 2003. Rural-urban migration and urbanization in china: evidence from time-series and cross-section analyses[J]. China Economic Review, 14 (4): 386-400.

Zhao Y H. 2002. Causes and consequences of return migration: recent evidence from China [J]. Journal of Comparative Economics, 30 (2): 376-394.

Zhu N, Luo X. 2008. The impact of remittances on rural poverty and inequality in China[J]. Policy Research Working Papers, (4637): 1-30.

Zhu Q, Sarkis J, Lai K H. 2007. Green supply chain management: pressure, practices and performance within the chinese automobile industry[J]. Journal of Cleaner Production, 15 (11): 1041-1052.